U0231767

家长和孩子
一起玩的小实验
2

〔德〕吉塞拉·吕克 著
〔德〕海克·弗里德尔 绘
李嘉 译

人民文学出版社
PEOPLE'S LITERATURE PUBLISHING HOUSE

著作权合同登记号　图字 01 - 2017 - 2988

Gisela Lück
Neue leichte Experimente für Eltern und Kinder
illustrated by Heike Friedel with photographs of Gisela Lück and Sonja Schekatz

Chinese language edition arranged through HERCULES Business & Culture GmbH, Germany

图书在版编目(CIP)数据

家长和孩子一起玩的小实验. 2 / (德)吉塞拉・吕克著; (德)海克・弗里德尔绘; 李嘉译. —北京: 人民文学出版社,2017
(科学虫子)
ISBN 978-7-02-012609-5

Ⅰ. ①家…　Ⅱ. ①吉… ②海… ③李…　Ⅲ. ①科学实验-少儿读物　Ⅳ. ①N33-49

中国版本图书馆 CIP 数据核字(2017)第 068798 号

责任编辑　**卜艳冰　尚　飞　杨　芹**
装帧设计　**高静芳**

出版发行　**人民文学出版社**
社　　址　**北京市朝内大街 166 号**
邮政编码　**100705**
网　　址　**http://www.rw-cn.com**

印　　制　**上海盛通时代印刷有限公司**
经　　销　**全国新华书店等**

字　　数　**80 千字**
开　　本　**890×1240 毫米　1/32**
印　　张　**5**
版　　次　**2017 年 5 月北京第 1 版**
印　　次　**2017 年 5 月第 1 次印刷**

书　　号　**978-7-02-012609-5**
定　　价　**29.00 元**

如有印装质量问题,请与本社图书销售中心调换。电话:010-65233595

本书为父母和孩子收集了时下最新的有趣小实验。

——吉塞拉·吕克

目　录

第一章

您 应 该 知 道 的

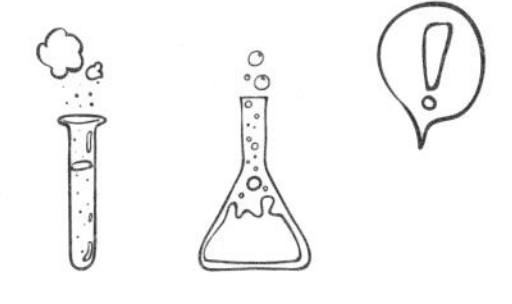

家长和孩子一起玩的小实验 2

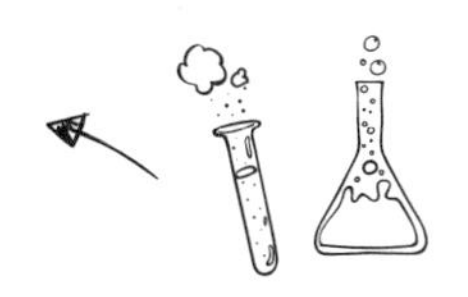

自然科学再受重视

有一个令人欢欣鼓舞的消息：这几年德国的自然科学教育得到了很大发展。特别是对于小学或学前阶段的孩子们来说，自然科学知识在寂寥了数十年后又获得了出人意料的重视。许多人的共同参与促成了这一局面：有无数活跃在学前教育机构和小学的教育工作者，有一路支持该事业的新闻和出版界，当然还有您！您拿起这本书绝非偶然，因为您希望您的孩子较早地领略自然的奇景，希望通过化学和物理实验让孩子轻快地走入非生物世界。正是您的这一想法在持续地影响着我们国家的自然科学教育事业的发展，并对其助以东风。

教育领域里的变化通常需要很长时间，但这几年它却发展迅速，着实令人惊异。更令人惊异的是，那些支持自然科学早期教育的人，在其童年和求学时期探索化学与物理世界时，很少依靠别人。

此时，您已成功地一次跨越了两个障碍：一方面，您通过熟悉一个陌生的领域使自己不再厌恶这些很少受人喜爱的学科；另一方面，您热心地将新的认识传递给下一代。由此，您引导孩子们较早地为接纳这一不断技术化的世界做好了准备，特别重要的是，您唤起了他们对实验的好奇与热爱，因为，过了学前和小学教育阶段，孩子们不会再对自然现象那般感兴趣。学前和小学教育阶段是重要的基础阶段。

本书的产生有一个积极的背景。《家长和孩子一起玩的小实验.1》(以下简称《小实验 1》)自出版以来，许多家长与孩子一同尝试了书中的实验。此后，家长们向我提出了这样一个问题：他们接下来该做什么，是否有一些建设性的实验可以让他们和长大了一些的孩子共同尝试。而本书中的实验正是他们所希望的：适合做这些实验的孩子可以是尝试过《小实验 1》的孩子，也可以是二三年级的小学生。由于您的孩子在接受学前教育和小学教育之间成长了很多，我们在为其选择实验时也设立了特定的标准。这一点在后文会有更明白的表现。但这本书究竟“新”在哪里呢?

“新”在哪里?

本书中介绍的“新”实验并不是指“新发明”的实验。书

中有些实验甚至可以称得上历史悠久——比如在古希腊罗马时代就为人所熟知的冷冻剂制作法。像提取柠檬油、制作薰衣草香水、运用活性炭净化饮用水等也有很长的历史了。至于烛火的颜色和形状，肯定也有不少先辈思考过了。

那么，这些实验究竟“新”在何处呢？如果您的孩子此时正朝着自然科学世界迈出第一步，那么，这些便是为他量身定制的新实验：虽然早在罗马大帝时期，冷冻剂就已经被用来冷冻蜂蜜了，但对于您的孩子，甚或对于您来说，用盐和冰来降低温度依旧是一种全新的尝试。同样，每个人都必须自己重新发现烛火的颜色和形状，即使在人类历史中已经有过无数对于烛光的描述。

这本书是《小实验 1》的续篇。《小实验 1》介绍的自然科学实验与原理适用于 5 ~ 6 岁的孩子，本书则是在其基础上写成的。

此外，实验的选择标准和展示形式也有“新”的特点。我们选择实验的标准不是数量，也不是惊人的实验结果，而主要是以下几点：安全、易懂、日常，且保证成功！

我特别重视讲解，重视现象的自然科学背景，在书中许多地方，讲述自然科学背景的篇幅和描述实验的篇幅不相上下。当实验吸引住您，使您目瞪口呆时，只有了解实验的意义和原理，才能理解并进一步巩固学到的知识。

最后的，但并非最不重要的一点是，或许您也能在实验和对于实验原理的阐释中发现新的东西，那些在您的化学和物理课上隐藏起来的东西。祝您和您的孩子在共同实验、共同探究自然现象时感受到无穷的乐趣！

为什么早日开始自然科学探索如此重要？

亚里士多德说过："最终的大错源于起初的小错。"很多事都印证了这一点，自然科学教育也一样。

大多数学生把化学和物理课列为最不受欢迎的课，这并非偶然。原因肯定不是"老师差"、"学生懒"或"课程烂"——虽然这些一直被当作原因，而是教课的时间错了。开始自然科学教育的最好时期是儿童时期。想象一下此时的孩子们睁大双眼，惊奇地观察着周遭的自然现象，不断地提出问题，您就明

白为什么自然科学教育要从这一阶段开始了。

有一件事令我非常难忘。一个小男孩观察到了空气的特殊现象，第二天坐在幼儿园门口的台阶上等我。他身边放着一个装满水的玻璃容器（里面幸好没鱼）。原来，男孩观察到水里也有气泡，于是开始不断地琢磨一个问题：空气是怎么钻到水里去的？看，这个孩子多么具有仔细观察的天赋啊！他对自然的提问是多么敏锐，因为空气和水显而易见是分开的。而最重要的是，为了找到答案，这个男孩做出了多大的努力！如果此时没人真心尽力解答他的问题或者与他一同寻找答案，那将是多么不可原谅啊。

我们这些成年人在面对令人惊奇的日常现象时，有谁会像这个男孩一样，如此投入地寻根问底？即使对于大部分十三四岁的孩子来说，通向自然科学的“时间之窗”也已关闭，因为其他问题已占据了生活的中心。化学和物理被列为“无趣”学科的事实并不令人惊讶。原因不在于学生或老师无能力应付这些学科，而在于这个没有领会亚里士多德那句慧语的教育系统。德国有句老话：“幼时没学会，永远学不会。”可喜的是，近年来有许多人做出了努力，从富有意义的儿童日常教育机构教学计划到学前教育工作者的进修课程，再到更新了的小学常识课和初中一年级科学入门课，我们欣喜地看到，自然科学初级教育有了很大的发展。

我希望，每个孩子在提出关于自然现象的问题时，不会再听到“你还太小”这样的回答，万不得已时，可以回答：“我自己对此也不太清楚。”我希望，我们能够理解那些正在成长的学生，他们错过了那班通往化学和物理世界的列车。他们也许已经不再处于对自然科学现象感到惊奇的年龄，因为成长问题在他们的生活中占据了更重要的地位，使他们无暇他顾。

浅谈发展心理学和学习心理学

为什么孩子那么早就对自然现象感兴趣？为什么我们一直以来都忽视了这一点？为了解答这些问题，我们先粗略地了解一下心理学的发展情况：多年来，我们这儿的教育规划者们几乎只引用一位心理学家的研究结果，他便是儿童认知

心理学[1]的先驱——让·皮亚杰。让·皮亚杰主要研究的问题是：在人的一生中，认知能力是怎样发展的？为此，他研究了14岁以下的儿童的认知能力，得出结论，简而言之，学前阶段的孩子还不能符合逻辑地思考问题，他们得到大约12或13岁时才开始具备抽象思维的能力。譬如化学，这个充满了极细微的、不可见的原子和电子的学科，自然得从七年级或八年级才开始设置，只有到了那时，儿童才具有抽象思维的能力。反正孩子们在学前阶段根本无法符合逻辑地进行思考，所以教育规划者们认为，不需要在此时开展自然科学入门教育，也不需要解释自然现象的原理，因为小朋友们还没能力想出“假如……那么”格式的条件句，也不会明白因果关系。即使在学前教育中设置了自然现象入门课，依旧无人重视孩子们对自然现象的兴奋和好奇，也无人回答他们提出的富有创意的“为什么”。许多儿童常识读本至今还只是停留在描述自然现象的层面，没有深入到解释现象背后的原理。

在此期间，早有人对皮亚杰的一些结论提出了质疑：在通常情况下，五六岁的孩子也完全能理解因果关系，否则他们就

① 认知心理学是心理学的一部分，主要研究感觉、记忆和注意过程。

不会执着地追问“为什么”了。虽然早在 20 世纪 80 年代就已经有人对皮亚杰的理论提出了批评，譬如玛格丽特・唐纳森，但直到最近几年，这一认识才在学前教育规划领域渗透开来（参见：Donaldson 1982，第 9 页；Novak 1990，第 941 页；Collins 1984，第 73、74 页）。

另一个新的发现也值得深思：不是所有十二三岁的孩子都具有抽象思维的能力。既然只有 60% 左右的小学或初中生有能力认识形式化的自然科学内容，那么，这么晚开设化学和物理入门课还有什么意义（参见：Gräber 1984，第 257、258 页）！既然如此，何不早点开始多多探究自然现象及其原理，而少把精力放在形式化的内容上？还有一点也很重要：皮亚杰在他的研究中主要关注的是孩子精神领域的发展，至于孩子情感方面的表现，譬如他们对实验和观察的兴趣，或者说对知识的渴求——这一点在学前和小学阶段的孩子身上表现得很明显，并不是他研究的重点。

有一位心理学家与皮亚杰相反，关注的正是孩子情感和感知方面的发展，他便是埃里克・埃里克森。他明确指出，处于游戏年龄段（大概是 4 ~ 6 岁）的孩子有着极强的求知欲，

会不断地询问“为什么”，因为此时，他们的运动机能和部分语言能力已经有了很大的发展，竭尽全力想加入到大人们的生活中来。埃里克森认为，此时正是孩子们“如饥似渴地接受知识的最佳时期”。我们由此也能理解，处于这个年龄段的孩子“不仅渴望了解人类，也渴望走进物的世界”（参见：Erikson 1959，第 96 页），这正是尝试去观察自然现象的关键阶段。根据埃里克森的发展模式理论，紧接着游戏年龄段的是学习年龄段，此时，孩子对自然现象仍有很大兴趣，但重点已经有所转移：不在于认识现象，而在于动手和尝试——关于这一点，后文会详细论述。

埃里克森认为，让孩子在处于青春期时才上化学和物理课，那就为时已晚了。此时萦绕在他们脑际的是其他问题：发现自我，走出父母的庇护，等等；而关于某个化学反应的本质和元素周期系统的结构的知识通常是无法解答这些问题的。

神经生理学家们也支持自然科学早期教育。因为大脑的快速发展是在人的幼儿阶段，在人两岁前，连接神经细胞的神经腱编织出了最大的神经网络。这一网络此后会萎缩到原来的 50% 至 60%（参见：Eliot 2002，第 37 页及其后几页；

Spitzer 2000，第 21 页及其后几页）。至于哪些腱消失，哪些腱保留，这取决于它们各自的活力，即它们的管辖范围，以及它们是否经常被使用到。

神经生理学的这一认识还比较新，尚不能正式运用到自然科学早期教育中。比如斯皮策也曾警告说，从神经生物学认识推出关于认知过程的结论要倍加谨慎。但他仍然得出这样的结论：对于过早接触自然科学现象，儿童会自行调控，因为他们只会吸收那些对他们而言有意义的信息（参见：Spitzer 2002，第 241 页）。脑研究专家辛格也得出类似结论："到目前为止，关于人的大脑何时需要何种信息的数据还很少，所以最佳方案是：仔细观察孩子会提出什么问题。"（参见：Singer 2003，第 74 页）——孩子们热衷的不正是对自然现象发问吗?

小朋友们对《橘色小老鼠》《蒲公英》等电视节目的喜爱，以及他们提出的无数个"为什么"，都明显地体现了孩子们的好奇心，他们正是带着这种好奇心去探索周围的自然现象的。尽管如此，自 90 年代中期以来，我还是对相关方面做了认真的研究，探寻非生物自然科学早期教育的意义。研究结果将会在下面一一给出。

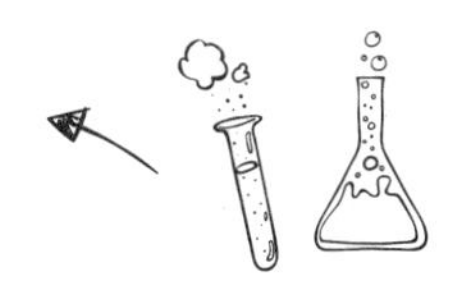

究竟为什么要探索非生物世界?

出于各种原因，我们在幼儿园等机构进行的经验性研究主要选择了化学和物理实验，而不是生物实验。这儿给出了几个最重要的理由：

☆ 在学前教育领域和小学常识课上，生物现象比非生物现象更受关注。这一方面是因为植物和动物用它们的色彩和美吸引了人们的眼球，但主要是因为我们自己常常无法正确地解释化学与物理现象。

☆ 化学与物理实验不会受到时段与季节的限制——糖总是会溶解在水中，这不是夏天才有的现象，但蝌蚪变成青蛙的过程却只有在春天才能观察到，到了十一月，孩子们容易观察到的生物现象便大幅缩水了。

☆ 许多生物现象只能被人观察，人们无法积极地参与或重现这些现象，比如郁金香从球茎中长出来。孩子的角色只能是观察者，虽然他很希望成为参与者。

☆ 与生物世界不同的是，非生物世界的现象可以不断地重复。孩子们在对某个实验感兴趣时，总是希望能重复它。墨水在水中扩散的现象可以无限次重复，但一株郁金香只从球茎中长出来一次。

☆ 很多时候，非生物现象比生物现象要容易解释，虽然这种说法听起来令人诧异。当我们想让孩子理解毛虫怎样变成蝴蝶时，很容易遇到难题，但向孩子解释为什么挤走空气能熄灭蜡烛则简单得多。

尽管我为化学和物理实验做了这么多辩护，但并不意味着应该将生物世界的魅力拒之门外。两者毫无冲突。

印象深刻的经验

——童年时认识自然现象的积极经验

在幼儿园等机构进行的经验性调查研究得出的结果有力地论证了儿童自然科学教育的重要性。

参与研究的孩子们对自然科学实验十分感兴趣，并且这一热情持续数周都未减退。其中，有约 70% 的人自愿参与我们提供的各类实验达十周之久，虽然在此期间他们还有其他吸引

人的事可以选择。

特别令人惊叹的是孩子们对自然现象及其原理的记忆力。实验过去六个月后，这些 5 ~ 6 岁的孩子仍能准确地说出约一半实验的细节，虽然他们在接受回访前并没有就实验内容做过准备。

进一步的调查表明，孩子们童年的经历也会影响其职业选择和今后的生活：2000 年，有 1345 名高级中学毕业生选择了化学作为其大学期间的研究方向，在被问及为什么要选择这一专业时，有 20% 的学生回答道，幼年时家人和朋友引导他们认识自然科学的愉快经历是促使他们做出这一选择的最重要的因素——是孩童时代积极的经验促使他们在十五年后做出了关于学业或职业的决定！

 从学前到小学阶段的变化

《小实验 1》针对的主要是学前阶段的孩子，而本书中的实验则是为那些到了上学年龄、6 ~ 8 岁的孩子以及他们的家

长准备的。也许有人会感到奇怪，难道这两个年龄段真的有那么大的区别，以至于要分别选择实验？

在进行自然科学实验和理解实验原理时，学前阶段和小学阶段的孩子的确有些不同，其中之一便是他们的动手能力：与学前阶段相比，小学阶段的孩子动手能力通常有显著提高。学前儿童的精细动作机能还有欠缺，这在实验过程中也会表现出来。所以，学前阶段的实验不仅能引导孩子认识自然现象，还能锻炼他们的动手能力、仔细观察能力和语言表达能力。与此相应，《小实验 1》对孩子的肢体灵活性的要求会低一点，实验过程也相对简单些。而对小学阶段的孩子则可以在这方面提出更高的要求，这也在本书选取的实验中体现出来了。

除了精细动作机能方面的显著变化，我们在研究中还有一个令人惊喜的发现：学前阶段就已经体现出来的对实验的喜爱，在小学初级阶段表现得更加强烈了：孩子能够在更长的时间段内全神贯注地进行实验要求的每一个步骤，观察发生的变化。他们通常也更加希望去记录实验，写下实验结果——较少用文字的形式，可能因为此时他们掌握的文字还不多，而是通过画画、给实验产物贴上标签或把实验结果带回家，比如，

当他们自制了“香水”或其他通常只能在商店买到的日常用品时。

可以设想，除了对实验的热爱，孩子们对自然科学原理的兴趣也在日渐增长，他们渴望探究实验背后的原理，因为与学前阶段的孩子相比，小学阶段的孩子积累了更多的词汇和经验，具备了更强的认知能力。孩子们对实验原理的兴趣究竟是否会和他们对实验的热情相互促进？孩子们在学前阶段通过不断提问“为什么”所表现出来的求知欲是否会在小学阶段更加强烈？

在儿童的成长过程中必然会出现静止期，甚至倒退期，这种情况在对儿童进行自然科学教育的过程中也有所反映，尽管很难理解。小学低年级的孩子很少问“为什么”，虽然他们对实验的兴趣愈加浓厚了。

目前我们正在研究这一问题，希望在今后几年中能给出详细的解释。而对于我刚才描述的一些观察结果，我们需要再次根据埃里克·埃里克森的发展心理学的理论做出阐释。他在《健全人格的发展与危机》一书中写道：在小学阶段，孩子们的求知欲和创造精神被“行动意识”所取代，这一时期的孩子渴望“能做些什么，并且做得完美”。(参见：Erikson，第102页)早期的求知欲为孩子们打开了通往成人世界的门，现在这种求知欲去哪儿了？埃里克森认为，孩子们把他们的愿望“理想化”了，他们想即刻长大，便不再提问。“也就是说，孩子把精力放在了那些有用的事情和能赢得肯定的目标上……他学着通过制造出东西来获得别人对他的认可。这使孩子变得勤奋，也就是说，他努力让自己适应工具世界的无机规则。他完全沉浸在工具世界中……他渴望通过坚持不懈的努力来完成一件作品。”(参见：Erikson，第103页)

可见，在引导孩子认识自然现象这一点上，从学前到小学阶段这几年间，情况发生了很大变化。如果在小学低年级过度注重原理而非实验，那将非常糟糕。恰恰相反，实验才是重点，自然科学原理是来支持实验的。这些实验应当相对复杂同时又适合于该年龄段的孩子，实验最后须有可见的产物或解决问题的答案。缺乏有意思的实验的自然科学讲解对孩子来说是毫无意义的折磨，不论是在小学还是之后，我们都应避免对孩子进行这种折磨！

选择实验的标准

以上理论思考已经清楚地说明了本书选择实验的标准，但在这里我们仍打算对这些标准做一番详细的阐释，因为在很多时候，包括在孩子的常识课本或其他实验指导书中，都没有确立选择实验的基本的框架条件。在寻求正确的标准这件事上，我们最好从您开始：

假设您今天打算做一个特别的蛋糕，小小地犒劳一下自己和家人。但您还没准备好所需的材料，您发现，有些配料家里没有，在附近的超市也找不到。特别是某些非国产的调味料只能预定，但这样就得等上好几天。您一定感到很失望。而要是您还发现，做这种蛋糕就是撞运气，一般很难做成功，您一定会更加沮丧。如果做蛋糕所需的材料很贵，那您也肯定不愿意为此把钱袋掏空。

另一种情况：设想一下，有人向您解释某一事件，涉及经济关系，尽管对您有所帮助，但由于他运用了很多专业术语，您无法对他所说的内容有较深入的理解。虽然您猜测，可能是解释者不善于表达，但也会觉得很可能是自己的理解能力有问题。您的这种想法是毫无道理的。更糟糕的是，您会慢慢失去对这个问题的兴趣。

以上两个例子清楚地说明了为孩子选择自然科学实验时应该注意些什么。现在让我们来看一下具体有哪些标准：

为了保证实验安全，实验材料必须无毒无害

一说起“化学”或“化学药物”，人们总会想到那些危险的、易爆的、有毒的材料，它们之间莫名其妙就会发生剧烈的反应。那么，远离这些东西，把跟它们打交道的事交给懂行的人岂不更好?

而像蜡烛安静地燃烧、鸡蛋变熟以及呼吸，其实也都是非常复杂的化学过程，却不大会被注意到——（幸好）这些过程不“发臭”也不“爆炸”，而且也不会用到或产生危险物质。

事实上，利用简单易得的家用物品就可以进行很多实验，而且实验中发生的现象很值得仔细观察一番。虽然看不到烟花升空之类的景象，但正是这些毫不惊人的现象，比如气泡的上升、物质的骤然冷却、香味的产生，诱使我们去追究现象背后的原理，而那些可怕的爆炸或燃烧现象只会吓跑我们的问题。

本书中的实验所需的材料大部分是日常用品：盐、糖、油、小苏打、水、面粉等等。只要您遵守实验材料的使用规定，即使具体操作同实验描述有些许偏差，也不会对您和孩子造成危险。但是，对于那些用到蜡烛的实验，您一定得特别小心。

为了实验能顺利进行，实验材料应当价廉易得

如果实验材料不是伸手可得或者至少能在商店的廉价柜台淘到，那么，即便实验被描述得很诱人，可能也不会给您的孩子带来惊喜。

比如有一个实验，肯定会让您和您的孩子目瞪口呆。埃及艳后克里奥帕特拉为了给恺撒留下深刻的印象，曾在他面前将一颗价值连城的珍珠放进一个盛着酒醋的高脚杯里。淡水珍珠或人工养殖的珍珠会在酸性溶液中迅速溶解。用珍珠这类贵重的物品做实验材料，自然会吸引无数眼球，也显然会耗费不少钱财。而我们要做的是这一“宫廷游戏”的改版：把蛋壳放到醋里会产生同样的现象，但要价廉物美得多（只不过没有高贵的历史渊源）。珍珠和蛋壳的主要成分都是碳酸钙，会同酸性物质发生化学反应，产生二氧化碳气体。

蛋壳游戏虽然无法像珍珠游戏那样帮助埃及艳后达到预期的效果，但还是能让您的孩子感到惊讶的。本书选取实验材料的标准便是价廉物美。

有些化学实验书中的实验就是因为很难搞到所需的材料而没法进行。我们确实可以用氯化钙或硫酸铁或尿素做出令人瞠目结舌的实验，但倘若读者很难搞到这类实验材料，这些实验对他还有什么意义？读完这一个实验描述，翻页，进入下一个——很快就会将读过的内容忘得一干二净。

之所以选择生活中常见的物品做实验材料，还有一个原因：选用简单易得的实验材料可以让读者认识到，化学反应不一定需要复杂的材料，也不是非得在封闭的实验室或生产车间里才能进行。其实，生活中到处都是化学，无论是在厨房还是在浴室，无论是在准备一日三餐的时候，还是在我们体内，无时无刻不在发生着化学反应。

为了增加自信，实验必须成功

虽然自然科学研究免不了经常遭遇失败的实验，但和孩子一起在厨房里做的实验一定要成功。只有这样，孩子才会自信

地向科学研究迈出第一步。实验若总是不成功，很容易导致自然科学入门教育也走向失败。①

但很多儿童实验书中的实验被描述得模棱两可，以至于实验的成功完全靠运气，或者根本就不会成功。经验表明，这些实验中大概有三分之一很难成功，而最可气的是，准备其中某些实验还需要花费大量的时间和精力。

我就有过这种经历。某个周六，我花了整整一下午的时间在浴室搞实验。按照实验说明，我在一个空鸡蛋壳里加入少许水，把鸡蛋壳放在蜡烛上加热至水沸腾，然后将其放到一块浮在浴缸里的柚子皮上。按书中所说，水蒸气从鸡蛋壳上的小孔里冒出来，会产生反推力，使柚子皮像小船一样在水面上滑行。可结果却令人沮丧。

最后我只好选择泡了个舒舒服服的热水澡……

为了避免孩子失去耐心，实验结果应当立竿见影

有很多自然科学实验进行了好几天还看不到明显的结果。

① 在高年级的自然科学课上，应当设置一些失败的实验，这有助于学生理解科学理论的验证方式和科学史上一些经典的失败案例。

比如，有机合成就是一项持久战，实验期间也不太需要我们做什么，只需偶尔补充点溶剂或调整一下温度就行了。虽然这类实验对于实验室里的化学工作者们是再普通不过的工作，但对于我们普通人来说，很难有人能坚持下来。如果一项实验持续几小时，甚至数天，而且还不怎么需要您动手，那您和孩子肯定会感到无聊。而本书中选取的实验一般不会超过 30 分钟，实验结果清晰明确，每次实验都要求孩子完成一定量的任务。只有实验“冰凉柠檬水——没冰箱照样行!”以及一些香料实验需要持续几小时才能看到结果。

我们在给学前阶段的孩子选择实验时，注意到须把实验限制在 20 ~ 30 分钟内，因为孩子集中注意力的时间是有限的。那么，到了小学阶段，孩子能够集中注意力的时间难道没有任何变化吗? 虽然学前阶段的孩子也可能长时间地沉浸在某项实验中，但一般而言，小学生在这方面的能力要强一些。本书中的实验不会耗时太长，以确保您和孩子在做实验时不会花费太多时间。如果孩子在完成实验后还想继续，您可以让他再重新做一遍，但不要接着做下一个实验，因为他一下子消化不了那么多。

 难，但很重要：自然现象的科学解释

现在让我们看一下选择实验时最难的标准——解释。

许多化学和物理实验符合上面提出的一系列标准，但是要向孩子解释明白其原理难度较大。比如关于磁学的实验，我们认为只能让它暂且停留在现象或者说观察的层面，对磁学原理的进一步解释不适合大部分小学低年级的孩子。比如烟花的颜色现象也很难向孩子解释清楚。

所以，我们在选取实验时，除了考虑前面几点外，还考虑到相应的实验原理能否为目标年龄段的孩子所理解。我们在书中用尽可能简明易懂的语言解释了每个实验背后的自然科学原理，以帮助您向孩子解释相关的实验现象。

但事情不会永远都那么简单。如“从学前到小学阶段的变化”一节中所说，与学前时期相比，您的孩子对于实验原理的兴趣已有所减退。对他来说，动手做实验比提问“为什么”更重要。混合、搅拌、测量、加热——至于发生这些化学反应的原因，已不再那么重要了。如果问孩子“你现在是想做下一个实验呢，还是想知道现在这个实验背后的秘密”，小学阶段的孩子通常会选择做下一个实验，因为这样他又有事可做了；而幼儿园的孩子还处在热衷于追问“为什么”的年龄，他们会更乐意去了解实验背后的原理。

所以，引导孩子关注实验原理对您来说不是一项容易的任务，但您不能因此而放弃。因为，孩子只有理解了现象背后的自然规律——比如，孩子不仅观察到水和油不相溶，还听到了适合他的年龄段的讲解，认识到什么是相似相溶，两种物质不相溶是因为它们的分子构造不一样，一种是球形，另一种是长条形——才能够举一反三，将所学知识运用到其他观察中。这样一来，当他看到墨水溶于水中时，就会自行推导出这两种物质的构造相似的结论。这使得孩子信任自然规律，认识到化学和物理过程并非不可捉摸，也没有魔法或其他神秘力量参与其中，而是由固定不变的、可反复检验的自然规律决定的。若不加入特殊的辅助物质，比如洗涤剂，油和水是永远不会相溶的，不论我们怎样搅拌摇匀，它们始终彼此分离！

作为读者的您对于某些实验的科学原理可能还比较陌生，所以，本书中除了描述实验过程之外，还用简明易懂的语言详细解释了实验原理。这些解释是针对作为成年人的您写的，需要您将“成人语言”翻译成适合孩子理解的语言。为了便于您

的阅读，我没有使用孩子的语言，因为我相信，您会找到合适的方法向孩子传达实验的原理。但也有可能您的孩子就是无法理解某个实验的科学原理，所有阐释都吃了闭门羹，那至少您的孩子会记住很重要的一点：实验不是魔术，观察到的现象——尽管如此让人吃惊——可以进行科学的解释。认识到所有自然现象背后都有坚定可靠的自然规律，孩子们就会丢掉那些有关魔法或神秘莫测之物的幻想。实验是可重复的，实验结果是可预测的，不受个人意志的支配。

讲故事：化学和物理实验的漂亮包装

也许本书您已经浏览了几页，也许您在看目录的时候注意到，有些实验乍一看去和自然现象毫不相关，比如：冰激凌店老板朱塞佩·科尔蒂纳很绝望，由于停电，他的冰激凌全都要在大热天里融化了；行事草率的面包师克林格尔曼不知道该怎样区分发酵粉和面粉；义德和克劳斯两人中有一人撬开了保险箱，那么究竟是谁呢?

用讲故事的方式来传达知识或道理的做法由来已久。很早以前，人们就用传说、神话、童话和寓言的形式来传达精神和社会文化的智慧。这种方式能同时调动我们的理性和情感，并且首先是情感。通过绘声绘色地讲述故事（眼神交流、表情、手势），听众的情感被强烈地调动起来，所以传统上，讲故事的人常比朗读故事的人能赢得更多的听众。现在也是如此，与读演讲稿相比，人们对脱稿演讲评价更高，因为读稿很难触动听众的情感。

讲故事的方式也被运用到课堂教学上，以引导学生全神贯注于某个主题。老师在教授某个新的知识点时，若以“首先我想讲一个近来发生在我身边的小故事”作为开场白，或者是更经典的“很久很久以前……”，那么他肯定会马上吸引住学生们的注意力。而学生的关注点也会从故事内容——至少有那么一会儿——自然而然地过渡到老师所要传达的知识上，因为他们会尽力在故事和老师的教学内容之间建起一座桥梁。

特别是在英语国家，多年以前就已经开始通过讲故事来传授知识了，所以，在德国，我们在说到讲故事时，常使用“Story-Telling”这个英语词汇。但是，用讲故事来传授自然

科学知识，这在我们国家还未得到推广。关于您以前的化学物理课，除了干巴巴、冷冰冰的事实，您的回忆一定很难与故事挂起钩来：列出化学方程式，根据元素周期表来比较原子半径，熟记指示剂的颜色变化。人物从来不会出现在化学和物理课本上，最多是在必要时给出某个科学现象的发现者的生平简介，这一小块豆腐干立刻就吸引了您的全部注意力，直到今天还记忆犹新。

用故事引出主题的方法有很多优点：首先，以日常生活中孩子们所熟悉的事物引导他们接近他们将要学习的知识，或者将要动手做的自然科学实验。行事马虎的面包师克林格尔曼搞混了制作面包的配料——这样的情景每个孩子都能想象得出。如果孩子对面包师的焦虑感同身受，而实验能帮助他们区分这些配料，从而解决问题，那么他们便会觉得这个实验是非常有意义的。

此外，自然现象被应用于我们的日常生活，具有了实际的意义，比如上一个例子涉及的化学鉴定反应。但我们的自然科学，特别是化学和物理课程所教授的内容，却脱离了日常生活，比如碱金属元素特征的周期性。在现实生活中哪里会遇到碱金属族啊。化学物理课程教授的内容那么无趣而且远离生活实践，孩子们对它们抱着一种抵触的态度甚至可以说是明智之举。如果此时孩子刚进入青春期，不再对这类内容感兴趣，那么他的抵触情绪会更加强烈。所以，近来改革自然科学课程的举措非常受欢迎，这些举措力求使自然科学课程贴近孩子们的日常生活，成为比如“情境化学”或者“情境物理”（参见：Parchmann 2000，第 132 页及其后几页）。

讲故事的方式对我们认识自然现象还有一个很重要的作用：故事源于生活，它会在我们的记忆中留下痕迹，当我们下一回去面包店时，我们对有关面包店的那个实验的记忆便会被再次唤醒。

虽然神经生理学的理论还不能直接运用到学习和教学过程中，但很多事实表明，讲故事有助于记忆。每项记忆都与一种大脑活动直接相关。不同的记忆会激活大脑的不同部位，如今人们据此对记忆进行分类。人的记忆除了陈述性记忆即外显记忆外，还有情绪记忆（与特定事件及事物相关联的感觉）和程序性记忆（学会的技能，比如骑单车或演奏某种乐器。参见：Roth，第 89 页及其后几页）。

目前对陈述性记忆的研究最深入，这种记忆对学习和工作来说有很重要的意义。陈述性记忆又分为三类：情景性记忆、语意性记忆，或者事实记忆、熟知性记忆。

这里就不详细介绍每一种记忆形式了，只特别提出其中两种，这两种记忆形式在学习过程中扮演着重要的角色：程序性记忆致力于熟记某事；当我们获得探索世界的技能或者认识事物间的关联（比如水和油不相溶）时，事实记忆则开始工作。由于我们对程序性记忆的意识会渐渐隐退，比如不再去想我们是怎样骑车的，所以我们靠死记硬背记住的东西会很快遗忘，因为那些机械地获得的东西无法继续在意识中反映出来。幸好这种死记硬背的学习还不算普遍。让我们再来仔细看一下事实记忆。

在引导孩子认识现象背后的原理这件事上，事实记忆也发挥着重要的作用，比如，他目睹了用碘酒可以识别出淀粉。讲故事会促进事实记忆，此时，大脑中除了负责事实记忆的那部分，还有另一部分也被激活了，即负责情景性记忆的那部分。情绪记忆也有可能被调动起来。

库布利在他的《为物理课上的故事辩护》一书中描述了将

讲故事运用于物理教学这一做法的优点，富有启发性，那些优点也同样在化学教学中体现。此外，他还通过调查研究证明了他的观点，即通过讲故事的方式能获得更好的教学效果（参见：Kubli 2002）。将讲故事运用于教学的效果比单纯阅读资料要好得多，这并非偶然。如上文所说，讲故事能够勾起听者的兴趣。

“快看，油不想和水在一起！”

——通过拟人和类比的方式解释自然现象

通过拟人的方式来解释自然科学原理，这和通过讲故事的方式来引导对自然现象的观察一样重要，特别是在幼儿教育中。

诸如“蜡烛吞食空气”或“水和油不喜欢彼此，所以他们不能相溶”等表达方式，很多年来一直是自然科学阐释中的禁忌。人们总是用尽可能准确的表达来解释科学原理，而避免用到拟人化的表达，即使这样十分令人费解，甚至可能导致科学

入门教育的失败。这种“非生命化”的科学阐释方式是从 20 世纪 70 年代流行起来的，当时前苏联发射人造卫星震惊了西方世界，西方国家想要尽可能快地弥补自身科学知识的不足。即便是在小学常识课上，科学原理也必须站在第一位，上述例子中描述的那类拟人化的表达方式被斥诸一旁。

您上学时，化学课本里的图片肯定也多半是复杂的工业设施照片或者模型图片，比如有关硫酸制造的图片，即使它们并不有助于理解。一些形象的插图，比如水分子们微笑着手拉手，表示氢键的连接作用，却被当作不科学的图像而排除在课本之外。

这种一贯的做法导致了许多学生在刚接触物理和化学时便失去了学下去的兴趣。

幸好人们逐渐认可了拟人化在自然科学教育中的地位，因为他们意识到自然科学教育离不开拟人化的帮忙。诸如“饱和溶液”、“孤电子对”等专业术语就向我们展示了“万物有灵”在科学语言中顽强的生

命力。

我们在广告中常常看到，优价商品会讲话，蛋黄酱会在电视屏幕上翩翩起舞，因为它低脂低油，感觉浑身轻盈。

即使在诊所这样特别讲求科学的地方，健康指导画册上也充溢着生命的气息。比如一颗细心清洁过的牙齿会为自己的长寿兴奋不已，被健康的免疫系统赶跑的细菌则悲伤地看着我们。这些广告显然违抗了“禁止科学传播生命化”的强制命令，一定是出于资金考虑，若不是经济预算太糟，广告是不会采用这种表达方式的。

如果我们想让孩子理解自然现象，为什么偏要放弃这样的表达方式呢？新的科学，比如信息技术，从一开始就没有摒弃拟人化或者说生命化的表达方式：电脑**鼠标**或硬盘**病毒**便是很好的例子。

即便我们成年人也常把非生物世界生命化：天气好的时候，**阳光笑得很明媚**，或者，**某一处风景忧郁而荒凉**；而在气象学中，低压、高压和飓风都被赋予了独特的名字。

但我们是否就该立马放弃客观的科学阐释方式，尽可能地用拟人化的表达来解释自然现象呢？

对于您的孩子来说，将两种方式融合起来才是最有益的。孩子有独特的能力在这两种阐释方式之间找到平衡（参见：Mähler 1995，第 212 页及其后几页）。单纯用拟人化的表达方式来解释科学原理，会给人一种人类处于世界中心的感觉（自我中心主义）；而经验证明，过于侧重理性解释则会拉大我们和自然现象之间的距离，最终导致我们对其漠不关心（参见：Gebhard 2003；Lück 2003，第 80 页及其后几页）。

实验需要哪些材料？

为了确保您在准备实验时不缺少重要的材料，我们在下面列出了主要的材料，用这些材料您可以完成书中的大部分实验。它们大都可在您的橱柜里找到，从而确保了实验能马上开始。

其次，我们还列出了一些在您家里可能不常用到的物品，这些物品您也应事先准备好。

家用物品

沙拉碗

托盘

小玻璃碗（小甜品碟）

透明玻璃杯

耐高温玻璃杯

家用搅拌机

炉灶

滤纸

- 咖啡过滤器
- 烤肉棒
- 蛋杯
- 茶匙
- 汤匙
- 刀
- 剪刀
- 可拧紧的玻璃瓶，用来保存实验生成物
- 杯烛
- 打火机

烹饪用的配料

- 盐
- 食用油
- 醋

方糖

蔗糖

葡萄糖

蜂蜜

蛋

人造黄油（即麦淇淋）

大米

面粉

小苏打

土豆

面包

橙子皮

柠檬皮

柠檬酸

明胶

其他 ☺

一块易清洗的桌垫

几枚硬币

吸入蓝墨水的自来水笔墨水囊或装有蓝墨水的带滴管的墨水瓶

写字纸

铝箔

白色和黑色的纸板

由各种不吸水的材料制成的各类小物件：比如回形针、图钉、软木塞、葡萄干、木块等

塑料吸管

透明的大花瓶

两个同样大小的空酸奶盒

陶制花盆（不要太小）

石头

冰块

少数实验可能需要的材料 ☺

药用炭片

含碘消毒剂

黑色水溶性毡头笔（例如非永久性记号笔）

石膏（建材市场、艺术或绘画用品店会有少量出售）

干薰衣草花朵（在集市或花草茶商店里能买到）

两块平整的玻璃（例如两面小镜子）

玉米淀粉

含氟量高的牙膏或护牙凝胶

一支刻度区间为20℃～40℃的温度计（非必须）

带杵的臼（非必须）

实验开始前

在前几页谈到的理论中，要帮助您的孩子成功地朝着自然科学的世界迈出第一步，最关键的是实验的实际操作。下面列出了一些要注意的细节。

在家里选出一块场地，在这里，孩子能真正无所顾忌地做实验。因此，起居室的桃花心木桌子不合适，更好的选择是厨房里结实耐用的饭桌，而且选择后者也便于从橱柜里拿实验材料。

准备一块易清洗的桌垫非常必要，这样不仅方便了实验后的打扫工作，还能使您的孩子没有后顾之忧，将注意力集中于垫上的实验材料，无需再去关心其他的事。

请您和孩子一起搜集实验所需的材料，只有材料都准备好了以后，才能开始做实验。因为中途发现缺东西是件很恼人的事，若花很长时间重新找材料，孩子会忘了实验的主题。

即使您的孩子对实验很感兴趣，您也只能让他一次只做一个实验。做得少有时反而收获多，因为孩子需要时间来理解和消化现象背后的原理，然后才能运用它去认识其他的自然现象。一些学前教育机构或小学专门安排一下午的时间让学生做实验，这种做法的效果令人怀疑。虽然各种实验让孩子们一时之间很兴奋，但时间一长，他们还记得的就不多了。恰当的做法是，让孩子们隔一段时间做一次自然科学实验，大约一周一次。比如周日看完《橘色小老鼠》动画片后，如果离吃午饭还有点时间，那么便可以让孩子做点实验，或者饭后也行。

请给孩子足够的时间，让他调动各种感官去理解实验的各个方面。仔细观察、感觉和聆听（咕噜咕噜的声音是哪儿来的？）都是非常重要的，同样不可忽视的还有转瞬即逝的气味，这就需要调动起嗅觉（参见：Zimmer 1995，第 15 页及其后几页）。孩子在做实验时有时会是个完美主义者，所以完全有可能将同一个实验重复三遍，因为对孩子来说，第一次实验的结果还不够明确。这符合孩子的行动意识，而准确性和耐心也是自然科学家必备的品德。所以您的孩子正走在一条前景光明的大道上！

最后还要强调一点：向孩子解释实验原理并不总是很容易，请您务必耐心些，和孩子一同探究现象背后的道理！

第二章

实　验

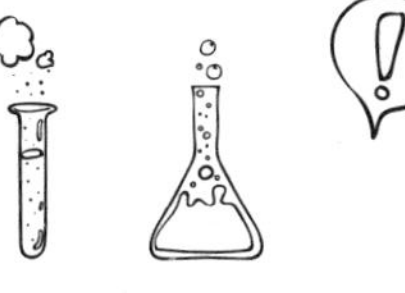

我的教女汉娜在做实验

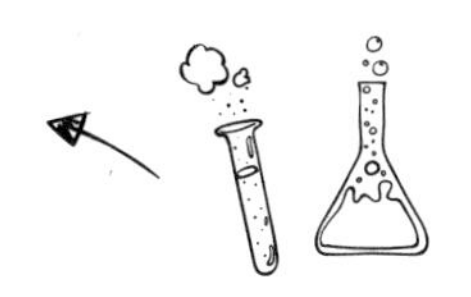

1. 一滴墨水在两种分离的液体中的旅行

很多人都固执地认为，两种液体总能相溶。如果手中有杯红酒，那我们会自然地认为，在这个杯子中不仅水和酒精能均匀地混合在一起，其他的液体物质也都是如此，而不会认为密度比水低的酒精会浮在水面上（否则我们在倒第一杯红酒时，就得使用一些技巧了）。均匀混合的液体在生活中随处可见，比如醋是浓度约为 5% 的醋酸溶液，果汁和水的混合物也是为人们所熟悉的。

但也有一些液体互不相溶，比如水和油。如果在这两种液体中滴入一滴墨水，会产生什么现象呢?

墨水的这一旅行紧张有趣，结尾富有美感，并且向我们传达了许多关于液体特性的信息。

所需材料

一个透明的玻璃杯

自来水

食用油

吸入蓝墨水的自来水笔墨水囊或装有蓝墨水的带滴管的墨水瓶

实验过程

让孩子往玻璃杯中倒入食用油，直到杯底的油达到一拇指宽的高度。接着加入自来水，水面达到玻璃杯高度的一半。等待大约一分钟，待杯中溶液恢复平静，再挤压墨水囊，小心地往杯中滴入三四滴墨水。也可以用滴管从墨水瓶中吸取墨水再滴入杯中。尽可能地将墨水从同一位置滴入杯中，这样墨水便能集中在一起。

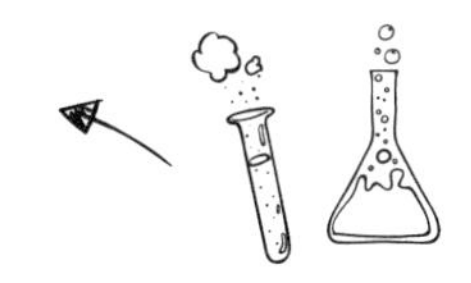

观察到什么？

把水倒入油中时，两者短暂地混合在了一起。但几秒钟后，您就会清晰地看到，刚形成的乳浊液又分离了：水沉到杯子底部，而油则浮在上部。接着，墨水滴进入了液体中。墨水的颜色和其他两种液体不同，所以我们能很好地观察它的运动路径。墨水滴首先进入油中，慢慢地往下沉，直至油和水的分界处，之后停了下来，并且保持球状。

一段时间后，墨水滴穿过水油分界面，进入水中，直到沉入水的底部。

几分钟后，墨水滴渐渐以条纹形式散开来，最终完全溶于水中。

解释

水和油不相溶，因为两种液体的构造不同。简而言之，水分子的构造更接近球形，油分子则是长条形。因为“相似相溶”，即球形溶于球形，长条形溶于长条形，所以水和油无法相溶。（那么酒精分子的构造是什么样呢？）由于油的密度比水小，油便浮于水面——就像俗话所说：“肥的总浮在上面。”

（参见《小实验 1》，“科学地观察油和水”，第 60 页）

现在墨水进来了：墨水密度比油大，所以开始下沉。但为什么墨水不溶于油呢？为什么它长时间地“驻足”在水和油的分界面上，且形成了水滴状或者说球状？

墨水不溶于油也是因为“相似相溶”的原理。墨水想和油划清界限，把它可能“遭受攻击”的面积，即受力面积，降到最小。在体积相同的情况下，球体与其他几何体相比，具有最

小的表面积，所以墨水就形成了球状。当一种液体要和其他物质分离的时候，便会形成球状。水在对抗空气的时候，也会减小自己的受力面积，形成球状，以雨滴的形式自由掉落到地上。若仔细观察，也能发现墨水即将变成雨滴状的征兆，因为在穿越油层的过程中，其球体底部稍稍变得平坦了些。

墨水滴在水和油的分界面上逗留了很长时间，因为穿过这一分界面需要更多的能量。为什么呢？当两种物质间形成分界面时，这一分界面会特别稳定牢固。来自水油分界面的作用力，比墨水滴内部的作用力稳定牢固得多。同样，水滴和空气的分界面也会形成牢固的“表皮”，这一表皮甚至能承受大头钉、胡椒粒或图钉的重力（参见《小实验 1》，“水也有皮肤”，第 56 页）。我们也用“表面张力”这一概念来解释这一稳定的表层。基于各自的分子构造，在与空气接触的地方，水的表面张力非常大。① 油和水之间也会形成具有表面张力的分界面。它不同于液体内部，很难穿越，所以墨水滴在水和油的分界面上停留了很久。

---

① 在静电力的作用下，水表面的分子想要挤进液体内部，水分子所带的局部电荷随之形成静电平衡。因此，杯中装满水时，水表面能向上拱起，直到某一滴水越过了界限，导致一杯水外溢（参见本书第 82 页）。

说明：何时形成球体？何时产生分界面？

当一种物质包裹住另一种物质时，后者常常就会形成球体，以使两种物质的接触面达到最小。比如空气中的雨滴，以及油中的墨水滴。当两种物质只有一个面相接触时，就会形成分界面，因为在这种情况下，平面使两者的接触范围达到最小。

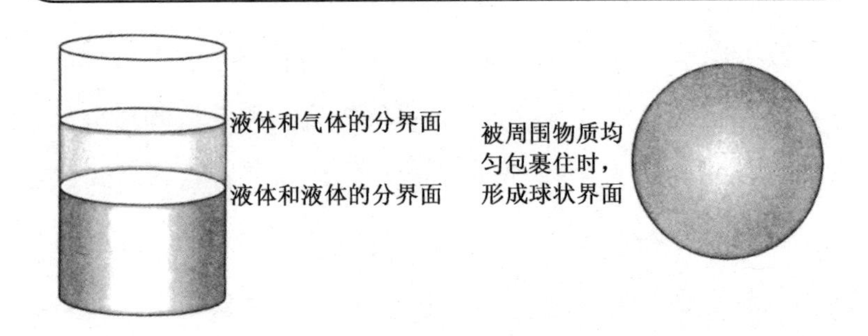

我们继续来关注墨水滴的旅行：现在它慢慢穿过分界面，进入水中。有时墨水滴会径直沉到杯底，清楚地表明它比水的密度要大。渐渐地，墨水滴在水中溶解了。它首先在杯底开始扩散，然后往上逐渐溶入水中。墨水滴溶于水的事实证明，它和水有着相似的构造，因为“相似相溶”的法则也适用于此处。

现在我们来看最后一个问题：既然墨水比水的密度大，为什么还能完全溶于水呢？

我们先试着从另外的例子中找出同样的现象：某人洒上香

水后，香味会迅速在其近旁挥发开来（否则的话，其他人的鼻子就闻不到了）；茶里的冰糖也会慢慢溶解，逐渐扩散到茶水的上层，就像我们的墨水滴，只是没有后者明显罢了。

一种物质在液体或气体中“运动”，其原因在于扩散现象。扩散被用来解释由物质粒子的热运动引起的一种物质进入另一种物质的现象。[①]19 世纪初，植物学家布朗在显微镜下观察到固体粒子在悬浮液（比如含淀粉的水）中的运动。这种现象后来被称为布朗分子运动。出现这一现象的原因是，通过液体或气体中的热量，分子（和弹球差不多）不断相互撞击，并由此改变了运动的速度和方向。扩散也是如此。虽然墨水滴不是固体，没有在水中形成悬浮，但墨水粒子还是会不断地被“撞到”，从而向各个方向运动。这些墨水粒子的运动间接地向我们展示了水杯中发生的一切：虽然杯中的水是静止的，但水分子们却不断地互相撞击，向各个方向运动，墨水由此逐渐均匀地溶于水中。水温越高，物质在溶液中扩散的速度越快。

但此时您可别又顺从孩子，马上去观察墨水滴在温暖的洗

---

① 两种物质能够进入彼此归根结底和“熵”有关，熵是一个热力学概念，表示一个体系的混乱程度。所有物质都在努力追求最大程度的混乱，而两种物质的互溶能使混乱程度加剧，即达到更大的熵值。

澡水中的旅行。

2. 如何用黑炭做净化?

在上一个实验中我们观察到，几滴墨水便能把一杯自来水染成蓝色。那么，有没有可能自己动手把染色的水再净化成可饮用的水呢?用咖啡过滤器显然不行，经滤斗“过滤”后的水依旧是蓝色的。有一种说法是:“事情变得更糟后才会有所转机。”这样看来，炭粉似乎能帮得上忙。在下面的实验中，我们需要用到药用炭片，这种药片常被用来治疗肠胃不适，和净化水的原理一样，它在我们腹中做的也是清理工作。

所需材料

- 一块易清洗的桌垫
- 一个托盘
- 两个透明玻璃杯

自来水

吸入蓝墨水的自来水笔墨水囊或装有蓝墨水的带滴管的墨水瓶（也可以用上次实验剩下的墨水稀释液，但必须小心地把溶液上部的油层倒掉）

两片药用炭片

两张咖啡滤纸

一个咖啡过滤器

一个茶匙

实验过程

首先，往盛有自来水的玻璃杯中滴入三四滴墨水。把药用炭片放到托盘上，用茶匙小心地将其研碎。由于炭片可以研得很碎，碎末会撒得到处都是，所以需要在桌上垫一块易于清洗的垫子。炭片研得越碎，实验效果越好。

把一茶匙研好的炭片碎末倒入水中并搅拌。把两张咖啡滤纸套在一起，以便达到更好的过滤效果，然后将其装到咖啡过

滤器上，滤嘴下面放置另一个透明的玻璃杯。接着，小心地把墨水稀释液浇在滤纸上，同时仔细观察过滤后水的颜色。

观察到什么？

充分研磨过的炭片粉末进入水中后，被墨汁染成蓝色的水又被染成了黑色（绝望啊！）。将溶液倒入过滤器后，炭片粉末被过滤掉了，蓝黑色的水从滤嘴中滴下来。有时，只经过一次

过滤，就能得到透明无色的水，即可饮用的水。过滤次数视滤纸的过滤效果而定。

解释 ☺

在高倍显微镜下可以看到，炭表面有无数小孔。这加大了炭的表面积，炭被研得越碎，其表面积就越大。由于炭的孔型结构以及与之相应的炭的“内部面积”，1 克炭粉能达到 500 ~ 1500 m^2 的总受力面积。这可能是您的住房面积的好几倍，而这只是 1 克炭粉的表面积！

均匀溶解后的墨水粒子遇到炭时，会直接附着在其外表面或细孔内部，从而积聚在炭的巨大表面上。炭就像海绵吸水一样把墨水粒子全部吸走了，从而净化了水。过滤的时候，炭和积聚在其表面的墨水粒子被滤纸拦了下来，于是干净的水便从滤嘴中流出来了。

药用炭片依据的也是同样的原理：造成肠胃不适的细菌和毒素会吸附在药用炭片上，从而不再危害人体。

在处理废气时，也可以用炭来收集有害物质。炭也被用在烟嘴上起过滤作用——但当然远远不能把全部有害物质都过滤掉……

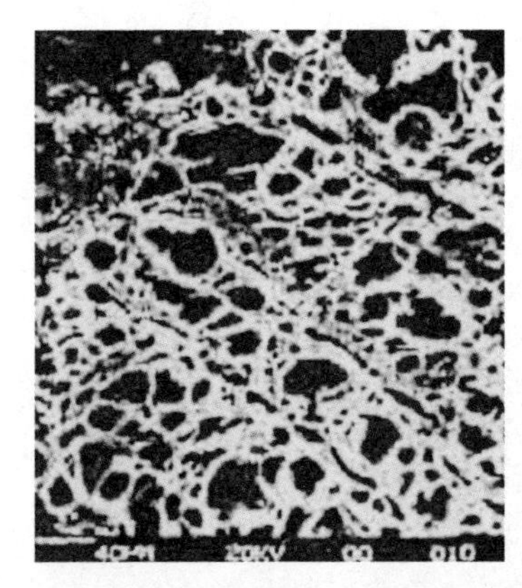
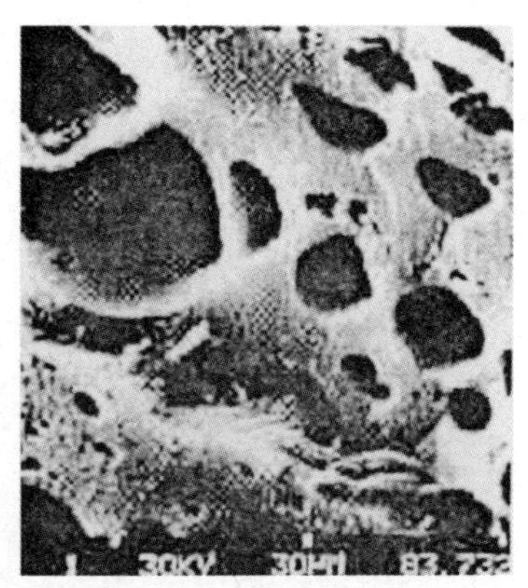

活性炭表面布满细孔。图为通过扫描电子显微镜获得的活性炭表面状况的两张放大图。(由 Donau Carbon GmbH ④ Co. KG，Ffm. 授权)

3. 科尔蒂纳冷饮店停电了[①]

科尔蒂纳冷饮店突然停电了，所有的冰柜和冷藏箱都失去了冷冻功能，玻璃柜中的冰激凌也在慢慢融化。偏偏又赶上这么个大热天！朱塞佩着急得都快绝望了，他甚至开始使劲吃他最喜欢的冰激凌，想尽可能多地把它们吃掉——而现在，他肚子又痛了起来。想到那些气急败坏的顾客，他更是一阵阵泛

---

① 这个实验需要用到冰块。您可以先看一下冷藏柜里是否已经有冰块了，以保证这个实验——我本人最喜欢的实验之一——什么都不缺。

恶心。

面对这样棘手的情况，他拿起手机（电话机也没电了），打给住在米兰的聪明姐姐玛利亚。她总是有办法，而且，她上学时对物理和化学课特别上心。

果然，玛利亚听了弟弟的倒霉事后，笑着问道："你厨房里有没有盐，冷冻柜里还有没有剩余的冰块？"

朱塞佩不耐烦地说："我是不是还得往几乎融化了的冰激凌里再撒点盐啊？"玛利亚在电话那一头说，这与冬天在马路上撒盐一样，运用的是同一种原理。这下朱塞佩可真的是不明白了。但在姐姐的催促下，他决定先按她说的做。姐姐保证之后会向他详细解释一切的……

如果您的孩子想知道玛利亚给了弟弟什么建议，那么不妨尝试下面的实验！

所需材料

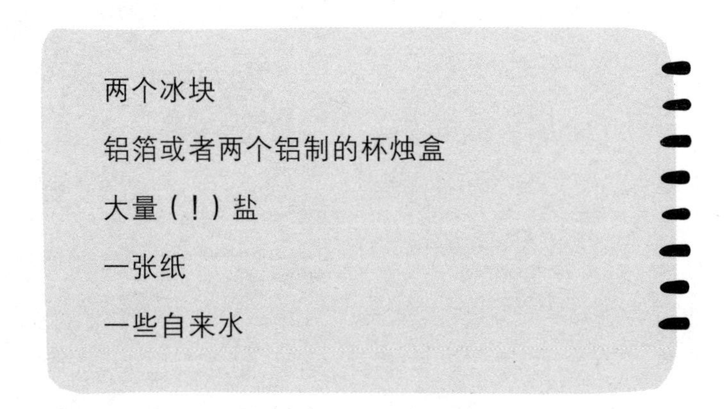

两个冰块

铝箔或者两个铝制的杯烛盒

大量（！）盐

一张纸

一些自来水

实验过程

用铝箔做两个容器，容器底部须平整。您也可以直接用铝制的杯烛盒。让您的孩子在每个容器中放入一个冰块，并给其中一个冰块撒上盐——就像给冬天的马路撒盐一样。另一个冰块保持原样。现在仔细观察会发生什么。

当盐在冰水中溶化后，再次给冰块撒上大量的盐（满满一茶匙）；拿起冰块，将其中一部分盐撒到冰块与容器底部的接触面上，以保证冰块的每一面都沾上盐。您的孩子可以用指尖感觉一下融化下来的冰水的温度，同从另一块冰上融化下来的

冰水的温度作一比较。[1] 两者是否有不同之处?

现在用自来水打湿那张纸，将两个铝制容器都放到纸上。一分钟后，让孩子小心地拿起这两个容器。

观察到什么？

撒上盐的冰比没撒盐的冰融化得快。再次撒上盐后，从这一块冰上融下来的水的温度比从另一块没撒盐的冰上融下来的水的温度低。果然，当您把盛放撒了盐的冰块的铝制容器放到湿纸上时，由于含盐的冰水温度很低，导致纸上的水结了冰。而未撒盐的冰块则没有发生这种状况。含盐冰水的温度一定比一般冰水的温度低很多，这是一种“冷冻剂”。

解释

朱塞佩马上遵照姐姐说的做，把冷藏箱里所有剩余的冰块都拿出来，混上大量的盐，再将这一冷冻剂装到巨大的塑料袋里，放到冰激凌柜中。现在，炎热的夏天再也动不了他的冰激

---

① 将冰捣碎，盐的作用会加快。可以用厨房用的毛巾将冰块包住，然后拿一个坚硬的物体把冰块砸碎。这样冰的表面积就会增大，与盐的接触面也增大了。

凌了，而且生意比平常还要好呢。

晚上，他又打电话给姐姐，感激地讲述了当天异常兴隆的生意。只是有一点他还没搞明白："为什么盐冰混合物的温度会那么低？冬天往马路上撒盐与这一切有什么关系？"玛利亚深吸了一口气说道："这可没那么容易解释，但如果你有足够的耐心，我可以试一下。听好了。"

冬天，当我们把盐撒到结冰的马路上时，路面的冰就会慢慢融化。如果我们用高倍放大镜来仔细观察——但有谁会在寒冷的天气里这么做啊——我们就会发现，冰表面的盐十分缓慢地将水分子聚集到它周围。冰的表面总是有水，因为气压促使冰面最上层不断融化（就像溜冰时一样：冰刀促使冰融化，以便溜冰者能在冰上移动）。冰的表面形成一层稀薄的盐溶液——和铝制容器里表面撒了盐的冰块一样。我们用放大镜不能观察到的是能量的收支平衡：盐在水中溶解需要能量，因为盐粒子相互紧密地结合在一起，这是带正电荷的钠离子与带负电荷的氯离子之间的静电吸引力导致的，只有通过消耗很多能量才能将其分开，而所需的能量则来源于周围的水，这导致水温降低。同时，部分聚集在盐周围的水分子也不得不失

去它们的晶体形态，变成液体。这一融化过程也需要消耗很多能量：将 0 ℃的水加热到 80 ℃所需的能量与 0 ℃的冰转化为 0 ℃的水所需的能量相等。水由固态转化为液态需要消耗如此之多的能量，以至于（盐粒周围）少量正在融化的冰又迅速结冻了。① 冰融化所需的能量须从周围环境中汲取，但如果冰水在盐溶解的过程中温度不断降低，为什么就没有再次结冰呢?

海水也含盐，也不会在 0 ℃时结冰。这当然很好，因为就在地球的两极，温度极低的地方，住着无数依赖水的生物。盐水不易结冰是因为有太多其他粒子在水中，“妨碍”了水的结晶，即由液体变为坚硬的冰块。水中的盐越多，结冰就越难。不仅仅盐会这样，其他许多能溶于水的材料，比如糖和酒精，也会阻碍水的结晶。②

朱塞佩一声不响，惊讶地听着姐姐的讲解：“也就是说，是两种化学效应保住了我的冷饮店，使它未遭受‘水灾’：盐在溶解时需要能量，能量来自融化中的冰水，而冰融化成水也需要很多能量，这些能量也是从水中汲取的，所以导致温度不断降低。”

---

① 科普夫巴尔的网络主页上很详细地描述了这一奇特的现象：http://www.kopfball.de/pp_sdrck. phtml?rnd=1087918280&pds=YTowOnt9。若想制作大量冷冻剂，可以把等量的冰、水和盐混合在一起，使得一开始就有足够的水可供盐溶解。

② 乙二醇常被用来做汽车防冻剂，它的作用是阻止水在 0 ℃时结冰。

平时反应迟钝的弟弟竟然能那么快地总结出要点，这令玛利亚非常吃惊。“对！”她继续解释道，“给冰撒上足够的盐（每100 克冰兑 33 克盐），可以将温度一直降低到 –21.3 ℃，这对你的冰激凌可是足够了！不同种类的盐在溶解时从水中吸收的能量多少是不同的：比如硝酸盐在溶解时需要的能量就比较少，14 克硝酸盐与 100 克冰的混合物的温度‘只能’低至 –14 ℃。有一点对于所有冷冻剂都很重要：一定要有未溶解的盐，因为如果所有的盐都在水中溶解了，那水的热量就不会被继续吸走，温度便会逐渐上升。好了，我得挂了，等下我有客人。如果你还想知道更多相关的知识，就得去找本好书或去网上查查了。”

“真可惜，”朱塞佩心想，“我头一次对化学那么感兴趣呢。”

晚上，朱塞佩手里端着红酒，坐在他家的小阳台上，俯瞰城市的夜景，享受着晚间的阵阵凉意。

他手里拿着几份有意思的资料，是从“布鲁姆教授的化学教学服务器”网站上下载打印的，上面谈到罗马皇帝最喜爱的餐后甜点：冷冻蜂蜜和冷冻奶油。原来两千年前就有冷冻甜品了——完全不需要冷藏箱和电，而且还是在夏天！

当时，地窖墙上析出的盐霜被刮下来用于制作冷冻剂，这

类盐通常是硝酸铵，是污水经细菌分解后的产物。将其和预冷却的水混合后，可将温度降低到 –5.3 ℃。① (参见：http://www. chemieunterricht.de/dc2/tip/08_98.htm)

据说拿破仑和他的士兵们也用含硝酸盐的火药来冷却液体，以使自己在炎热的埃及能喝到提神的冷饮。“这可真是将火药用到家了。”朱塞佩想。他喝了一大口红酒，祝愿聪明的姐姐玛利亚身体健康，也祝愿自己明天还是能用电来冷冻冰激凌。

4. 冰凉柠檬水——没冰箱照样行!

古希腊人究竟是怎样冰柠檬水的呢？还是说他们只喝常温饮料？当然不是！即便是希腊红酒肯定也是冷的好喝……

也许古希腊人冬天的时候从山上挖来了雪和冰，也许他们把饮料放在冰凉的溪水中冷却。但如果周边没有高山或冰凉的溪水，而只有尘土飞扬的街道、大片的石屋和寺庙，古希腊人

① 用于运动受伤等情况的冰敷袋外形为分成两格的塑料袋，其中一格内装有白色的固体硝酸铵，另一格是蓝色的水。其间隔层在受压时会破裂，两种物质便混合在了一起，硝酸铵溶于水，导致水温急剧下降。

是如何在酷暑难当的夏日觅得一口冷饮，以解难耐之渴的呢?

聪明的古希腊人想出了一个很有效的办法，使他们在任何季节都能喝到清凉的饮料。

所需材料

一个陶制大花盆（能罩住一个小瓶子）

一个沙拉碗（玻璃碗）

两小瓶同样的饮料，瓶子能用花盆罩住

一块石头

水槽

阳光充裕的窗台，代替希腊的夏天

实验过程

让孩子把厨房的水槽放满水，将陶制花盆放入水中。接下来是制作“冰箱”的其他准备工作：在玻璃碗中加入自来水至一拇指宽的高度，把一瓶饮料放入碗中。另一瓶饮料只是为了待会儿拿来做比较而准备的。约十分钟后，从水槽中取出花盆，罩住放在玻璃碗中的饮料瓶。为了减少花盆内外的热量交换，可在花盆底部的小孔上盖一块石头（此时花盆底朝上）。现在把准备好的东西都放到阳光充沛的窗台上。把另一瓶饮料也放在旁边。由于实验要求的时间比较长，您此时不必在一旁等待结果。您和孩子只需几小时后再过来一下，看看窗台上是否有清凉的饮料可以喝。

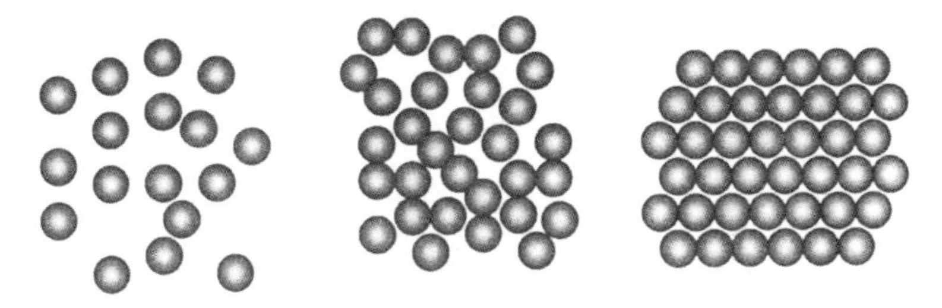

气体、液体和固体的结构图解

观察到什么？

花盆下的那瓶饮料明显比另一瓶用来做比较的凉。

解释

我们通过此次实验观察到的现象叫作“蒸发制冷”，这个名称其实已经准确地说出了实验的原理。

日常生活中哪里也有这样的现象？如果我们浑身湿淋淋地从浴室里出来，虽然洗澡水是热的，我们通常也会感到身上发冷。喷香水的时候，皮肤上洒到香水的部位感觉凉一些。夏日阵雨过后，空气明显变得凉爽了些。所有这些现象的原因究竟是什么？

液体在变成气体时需要很多能量，以使紧挨在一起的分子分离开来，于是便从周围环境中汲取能量。洗完澡后，留在身上的水珠会吸收身体的热量而变成气态，即水蒸气。香水喷洒在身上时，其中的酒精和水会吸收皮肤的热量，和香料一同挥发。蒸桑拿时，我们体内的水分以汗液的形式从毛孔中跑出去，蒸发到空气中，使我们身体的温度降低。冰敷袋是传统的

家用退烧方法，运用的也是同样的原理。

把陶制花盆从水中拿出来后，花盆壁的细孔中残留了一部分水，这些水在气化时也需要从周围吸收热量，其中的部分热量便来自盆下的饮料。饮料就这样变凉了。

但为什么水要气化呢？理论上来说，它也可以保持液态，或者变成固态，即变成冰，从而释放出热量。这个现象背后隐藏着热力学中关于熵的基本定律：每个体系都力争达到最混乱和最分散的状态。没有熵，气体和液体将不会混合到一起，固体就不会液化进而气化，冬天里洗的衣服就永远不会干了。

5. 糖溶于食用油吗?

每个人都知道糖能溶于水。但大部分人对于糖是否溶于油这个问题却不确定，回答得也比较含糊："糖在油中没有在水中溶解得好，需要的时间会久一些。"那么究竟是多久呢？下面的实验将为我们解答这个问题。

所需材料

两个小玻璃碗或两只直径很小的玻璃杯

约五汤匙食用油

一些自来水

两块方糖

实验过程

先让孩子预测一下实验结果。然后让他在一个小玻璃碗中倒入约五汤匙食用油，并放入一块方糖，使油刚好没过糖块。

在另一个小碗中倒入同样多的自来水，放入另一块方糖。

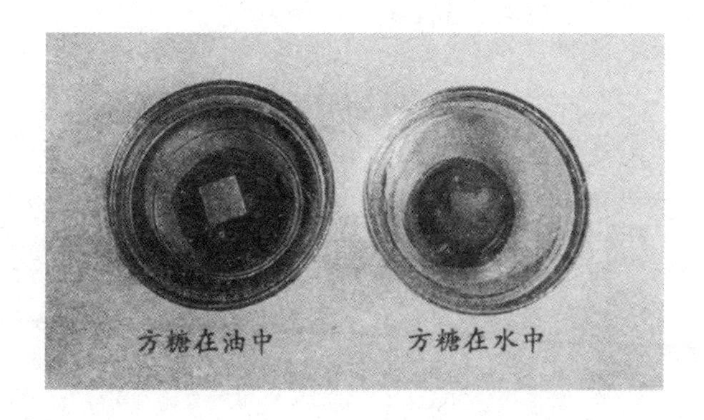

水也必须没过糖块。

观察到什么？

方糖慢慢地在水中溶解了。这个过程会持续几分钟，视水温而定。油中的方糖则没有变化，仔细观察的话，可以看到糖块周围有小气泡出现。

解释

糖不溶于油，一点都不会！即使放上一周（在厨房里找个合适的角落），油中的方糖的形状也不会有所变化。在前面的实验中我们也看到，有些物质不溶于油——方糖的命运和墨水滴一样（参见本书第 45 页及其后几页）。“相似相溶”的原则也适用于糖。具有条形分子构造的油不能使糖溶于其中，因为糖分子不是条形的，而是球形的，这种构造和水分子相似，所以糖能溶于水中。

那么，怎么会从方糖里跑出小气泡呢？这是因为油渐渐渗入糖块，将糖块内部的空气挤压而出形成的。小气泡会在油中待很长时间，然后逐渐消失，因为空气的密度比油小，所以气

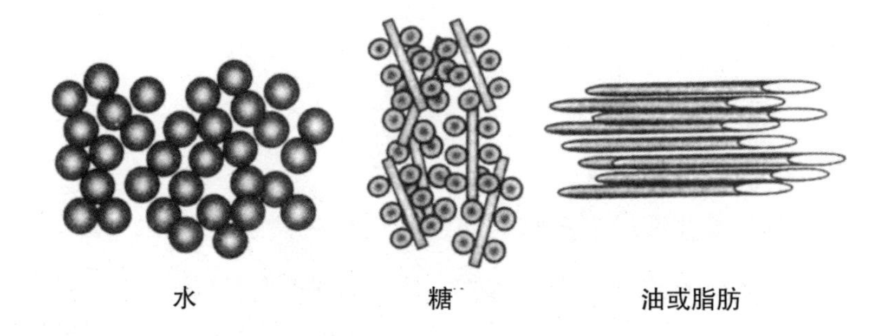

泡会慢慢上升，最后从油中跑出去。

结论：我们做菜时若用到糖，则同时也必须加水，但只需少量水就够了，比如鸡蛋里的水分，它占了鸡蛋 80% 的重量。没有水，糖是不会溶解的。

6. 自制薰衣草香水[①]

用咱们自制的香水和市场上卖的各种香水产品做一番比较，结果如何？得承认，和世界大香水公司的产品相比，自制的香水保质期较短。但要解决这个问题并不难，只要在它还没坏之前把它用完不就行了吗？

① 本实验来自斐林实验室 P. 门泽尔教授的讲稿；斯图加特大学实验室协作。

所需材料 ☺

干的薰衣草花朵（在集市和花草茶商店都买得到；实验剩余的薰衣草花朵可以放在衣橱里防蛀虫）

一个小玻璃碗

一个茶匙（用杵和臼可以更好地把薰衣草花朵捣碎）

自来水①

咖啡过滤器

滤纸

一个用来接芳香物质的玻璃杯

一个可拧紧的小玻璃瓶，用作香水瓶

---

① 若想制作可保存的薰衣草香水，需要用一种混合溶液代替自来水。该溶液的组成为：30% 甘油、30% 酒精（两者都可在药店买到）和 40% 自来水或蒸馏水（比如，15 ml 甘油、15 ml 酒精和 20 ml 水）。本次实验所需材料一栏没有列出刚刚提到的这些稍显奢侈的材料，因为酒精易燃且此处所需的浓度较高，不适宜孩子接触。如果您决定制作可保存的香水，那么请务必保证在实验过程中待在孩子身边。

实验过程

在玻璃小碗中放入三茶匙薰衣草花朵。给孩子一点时间，让他自己去发现薰衣草花朵的气味、颜色、形状等所有可观察到的特点。

然后用茶匙把薰衣草花朵研碎；用臼和杵的话会更容易些。很快便能闻到一股强烈的薰衣草香味。现在往碗中加入大约 30 ml 自来水——约咖啡杯容积的四分之一那么多——并用力搅动，使之与薰衣草碎末混合。然后把滤纸装在咖啡过滤器上过滤薰衣草水，并用一个杯子接住滤嘴处流下来的滤液。最后把液体倒入一个可拧紧的小玻璃瓶里保存起来（或者马上涂抹在皮肤上）。

观察到什么？

滤液呈淡紫色，散发出薰衣草的香味。

解释

香味是怎样进入水中的？如果某种物质能被我们闻到，也就是说能被鼻子敏感的传感器捕捉到，一般来说，它应该是一种气体。该气体的粒子在空气中游荡，然后进入我们的鼻孔

中。香水由易挥发的物质组成，这种物质在低温下便能从液态变为气态——香水通常含有酒精。有些物质则完全没有气味。我们可以把鼻子凑近盐、糖或石头，即便时间再长，我们也闻不出它们的气味，稍稍加热也不行。原因是这些物质的分子互相挨得很紧，在常温下无法气化。

植物含有许多易挥发或者说易气化的物质，大多可以产生一种好闻的气味，薰衣草便是如此。这种能产生薰衣草香的物质除了具有易挥发的特点外，还有另一个特别之处：易溶于水。为什么这种物质如此易溶于水呢？答案是我们在前几次实验中学到的那条原理：相似相溶。薰衣草里面的芳香物质的构造和水相似，当它与水接触时，便会从花朵中跑出来，进入水中，人们称之为“萃取”。因为人的体温较高，所以薰衣草香水洒到人身上后很快便挥发了，芳香物质的小粒子于是跑到我们的鼻孔中诱惑我们。

酒精溶液通常能更好地萃取芳香物质，因为和酒精有着类似的构造，所以大部分植物香料能更好地溶于酒精。同时，酒精比水更容易气化，并且具有易保存即抗菌的特点，所以香水能长期保存它的香味，并且使之不被细菌破坏。

7. 精油是什么油?

我们可以从橙子皮上获取橙子的芳香物质。这种物质是由什么组成的呢？它是一种容易被鼻子闻到的气体，还是一种油，抑或是两者兼有，即一种易挥发的油?

以下这个实验将向我们展示，散发出橙香的虽然是一种油状物质，但和食用油完全不同。

所需材料

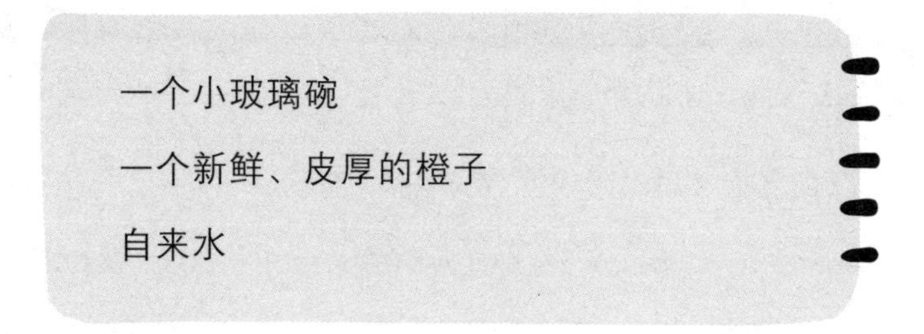

一个小玻璃碗

一个新鲜、皮厚的橙子

自来水

实验过程

让孩子在玻璃碗中倒入一些自来水。然后取下一大块橙子皮，黄色面朝外，用拇指和食指使劲挤压，注意用玻璃碗接住从皮上溅出来的液体。

观察到什么？

迎着光观察水的表面，可以看到油状物和油滴。过了一会儿，油滴消失了。

解释

由于油的密度比水小，且不溶于水（参见本书第 47 页及其后几页），所以橙子油浮在水面上。橙子皮含有油状物质，这种物质即橙香的来源。但它为什么马上又从碗里“消失”了？橙子油和食用油有什么不同？为了解答这些问题，让我们来做下面这个实验。

所需材料

橙子皮
食用油
两张滤纸

实验过程

将食用油洒在一张滤纸上，另一张滤纸上洒上同等量的橙子油。把滤纸放在暖气片或阳光充足的窗台上。

观察到什么？

橙子油的油渍慢慢变小，最后消失了。而食用油的油渍则几乎毫无变化。

解释

从橙子皮上获取的油是一种易挥发的物质，它和食用油不同，能快速气化，我们的鼻子能闻到它的香味。为什么食用油不像橙子油那样容易挥发呢？

一种物质是否易挥发，取决于它的沸点有多高，即在多高的温度下该物质会从液态变为气态。物质分子的大小决定沸点的高低。小分子气化所需的温度通常比大分子低。食用油的分子相对大一些，橙子油的分子则比较小（蜡在常温下是固体，所以它的分子特别大）。虽然大多数精油的沸点高于 150℃，但它们在室温下就能部分气化，所以在精油表层总有一些分子

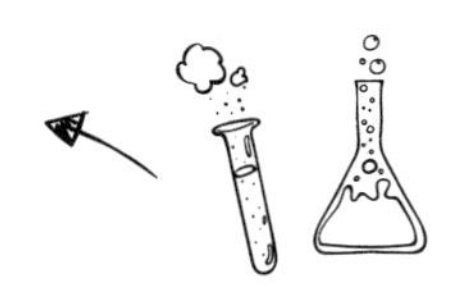

提早气化。所以一段时间后，橙子油的油渍会消失不见。

8. 提取柠檬油

通过“自制薰衣草香水”的实验，您的孩子知道了可以借助水来提取薰衣草中的芳香物质，因为构成它的分子有着和水分子相似的构造，“相似相溶”的原理也同样适用于此。许多作为芳香物质为人们所熟知的精油也可以借助油——譬如食用油——来提取。下面的实验便是用食用油来萃取柠檬中的芳香物质。马上，您的屋子里就会弥漫起一股令人愉悦的清香……但要提取这种物质得花上几小时的时间，所以一定要有耐心哦！

所需材料

新鲜厚实的柠檬皮（如果您的孩子想使用提取到的油，那么柠檬必须是新鲜而完整的）

食用油

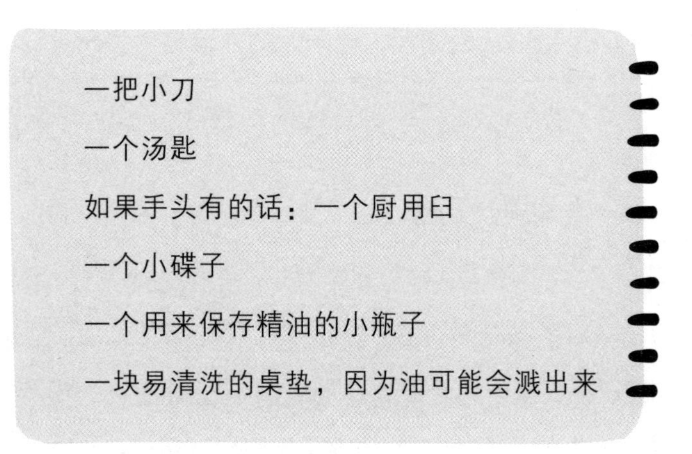

一把小刀

一个汤匙

如果手头有的话：一个厨用臼

一个小碟子

一个用来保存精油的小瓶子

一块易清洗的桌垫，因为油可能会溅出来

实验过程

让孩子给柠檬去皮，帮助他一起把皮切碎。切得越碎，提取柠檬油就越容易。把切碎的柠檬皮放到一个小碟子里，让孩子小心地加入三匙食用油。现在用汤匙进一步研碎油中的柠檬皮，如果您有厨用臼的话，效果会更好。接着，把碟子（或者臼）盖严实，放置几小时或一晚上。最后，小心地把散发着柠檬清香的油倒入一个小瓶子里保存起来，剩余的柠檬皮可以扔掉。

观察到什么？

食用油拥有了浓郁的柠檬清香，不过，在柠檬的酸味之外

似乎还多了点甜味。

解释 ☺

从柑橘、橙子、葡萄柚或柠檬的皮上提取的柑油，亦即精油，存在于果皮外表面的小泡里，所以可以通过纯机械的方法来获取，比如用汤匙把皮压碎或者将皮放在臼里研碎。

柠檬油含有多种成分，其中 90% 为柠檬烯，约 3% ～ 5% 为柠檬醛，两者都有强烈的柠檬味，而后者是这一气味的主要来源。一个柠檬可以提取 3 ～ 5 克柠檬油。由于柠檬油的主要成分有着和油相似的分子结构，所以根据“相似相溶”的原理，这些成分可以很好地溶于食用油，确切地说，被食用油提取。和薰衣草一样，柠檬油也含有一些溶于水而非溶于油的物质，它们常被用作芳香剂，可以通过蒸馏法把它们和易溶于油的成分分离开来。柠檬油还含有一些难挥发的物质，例如染料、蜡、双香豆素。这些物质易感光，会导致皮肤变色或轻度发炎。所以柠檬油应避免光线直接照射，通常来说，可以用棕色瓶子保存柠檬油；此外，谨慎起见，在做实验时，要防止皮肤沾上柠檬油。当然，闻它的香味您可以毫无顾忌。

9. 橙子油烟火

水不会燃烧，不论我们怎样加热，它也不会火光冲天，而只会变成蒸汽。

油则完全不同，它可以在高温下自行燃烧。比食用油更易燃的是精油，一种稀液状、易挥发的物质，橙子油便是其中一例。

下面这个实验将向您的孩子展示油易燃烧的特性，首要条件是做好防护措施。因此实验过程中只使用杯烛。孩子做实验时，您一定要时刻守在旁边，确保无意外发生。您须随时注意，因为油很容易起火。

所需材料

实验过程

点燃杯烛，取一大块橙子皮，用拇指和食指使劲挤压，让黄色的那一面朝外，并且靠近烛火。

观察到什么？

从橙子皮上挤出来的油一碰到烛火便会有小小的火星爆出。实验的地方光线越暗，就看得越清晰。

解释

精油是一种从植物中提取的易挥发物质，橙子油是其中一种。它的沸点比食用油低很多，是极易燃烧的物质，只要一遇到火苗便会被点燃。

10. 什么东西会使桶中的水溢出来?

我们知道，火山喷发的感觉就好像桶里的水突然溢了出来一样。通常，不能将盐或糖随心所欲地加入一个装满水的杯子，加到一定量，水就会溢出来。但是，添加多少盐或糖才会使水溢出来呢？同样多的盐和糖导致的结果是否一样？如果不一样的话，哪种物质能添加得更多一些，盐还是糖？究竟为什么会发生这种现象?

所需材料

- 两个同样大小的普通玻璃杯，容量约为 200ml
- 两个小玻璃碗

一些硬币

盐（最好没有添加很多不溶于水的物质，如碳酸钙和碳酸镁）

糖（不要用方糖，否则量不好掌握）

易清洗的桌垫

实验过程

让孩子在一个小玻璃碗中放入六茶匙盐，另一个碗中放入六茶匙糖。

现在往两个杯子里加水，使水面与杯沿齐平，并将杯子放到桌垫上。往两个杯子里逐枚放入硬币，可能得把您的零钱包掏空，因为装满水的杯子竟然还能容下不少硬币。等到杯口的水凸起成“小坡”时，不要再往水中放硬币。

现在，把碗中的盐慢慢加入其中一个杯子，每次都只加一点点。与此同时，也用同样的方式往另一个杯子里加入糖。过一会儿后，其中一个杯子里的水溢了出来。

观察到什么？

随着硬币的落入，杯中的水平面开始上升。此时，水不仅满到了杯口，还有往外溢出之势。尽管又小心地加入了盐和糖，但是水并不马上往外溢。直到加入了几克糖之后，含糖的水才开始溢出来。而加盐的那杯水还能继续容纳一些盐，但最后也溢了出来。

解释

水的上表面与空气接触，形成了分界面。在水的内部，基于水分子的构造，静电力将上表面的水向内牵引，所以，水如果没有立刻蒸发掉的话，在很烫的铁锅上会形成球形，下雨时也一样，只是空气摩擦使它变成了水滴状（参见实验“一滴墨水在两种分离的液体中的旅行”的解释部分，即第 47 页及其后几页）。

杯中与空气接触的上表面的水分子也会被里面的水分子向内牵引。所以，当硬币被放入灌满水的杯子时，杯口的水会向上拱起，形成一个穹顶。水的上表面张力使得水不外溢，掌握得好的话，还能在水面放几枚大头针或一些胡椒粒。

当开始加入盐和糖时，绷紧的穹顶还不会往外溢水。原因究竟是什么，为什么水在溢出前能容纳更多的盐？照理来说，糖溶于水的速度比盐快，为什么会出现这样令人意想不到的结果？

我们用眼睛无法观察到的是：处于持续运动中的水分子（参见本书第 51 页对扩散现象和布朗分子运动的解释）之间挨得并不紧密，而是存在许多小空隙，这些空隙能够容纳其他小粒子，同时不改变总的体积。

但是在填补这些空隙时，溶液的密度（单位体积的质量）会增大。盐粒子几乎占据了水中所有的空隙，这使得盐粒子和水分子处处紧密地挨在一起。

现在，让我们更深入地了解一下“盐水的化学性质”：盐由带电的钠离子和氯离子构成，水中加入盐，即氯化钠之后，水分子们在带电的离子的作用下排列整齐，形成一个秩序井然的结构，在这个结构中，粒子们比原先更紧密地挨在一起。

加入糖的水比加入盐的水先溢出，因为水分子间的空隙对糖粒子来说太小了，虽然糖能更好地溶于水。我们来比较一下盐溶液和糖溶液的密度：浓度为 20% 的盐溶液，其密度为 1.148g/cm^3，这是相当大的密度；浓度为 20% 的糖溶液，其密度则为 1.081g/cm^3。①

下图极其简单地描述了水（a）、盐水（b）和糖水（c）的内部结构。

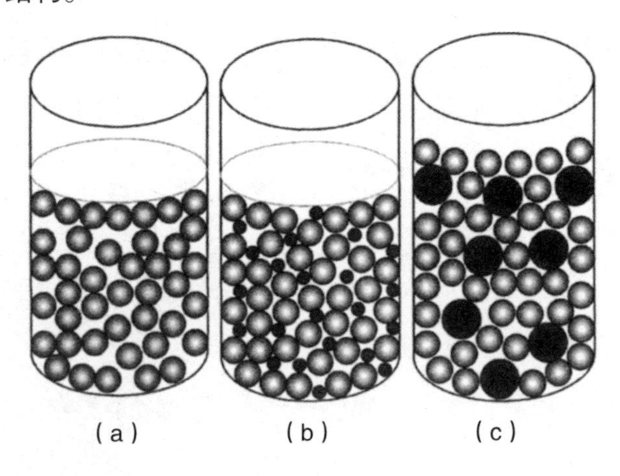

（a）　　（b）　　（c）

① 所以，新鲜鸡蛋在自来水中会沉入水底，在盐水中则浮在上面，因为它的密度比盐水低；坏掉的鸡蛋因为内部气体增加，在自来水和盐水中都能浮在上面。

11. 玻璃杯中的北极

我们都知道，（同质量的）冰会比水占据更大的空间，否则水瓶就不会在超低温下爆炸了。当岩石缝中的水结冰时，岩石也可能会裂开。

如果（同质量的）冰比水占据的空间更大，那么，在加满水的杯子里放入一个冰块会不会使水溢出来呢?

所需材料

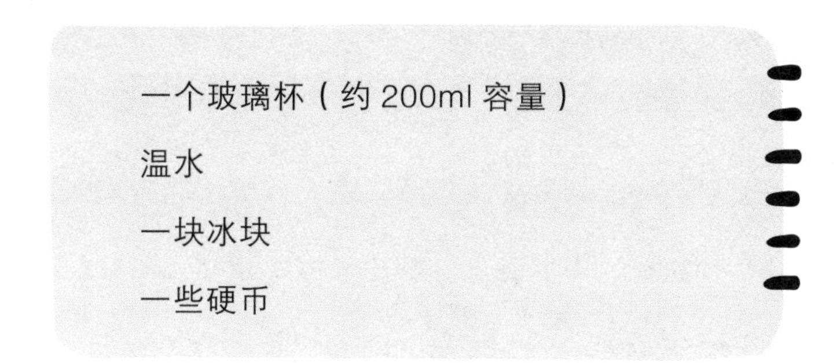

一个玻璃杯（约 200ml 容量）

温水

一块冰块

一些硬币

实验过程

在玻璃杯中加入温水，使水面差不多与杯沿齐平，然后小心地放入冰块。等到冰块在杯中“站稳脚跟”后，即一半浸在水里，一半浮在水面上时，再把硬币小心地投入水中，直到水面真正与杯沿齐平，即水随时可能溢出（参见本书第 83 页及其后几页）。如果之前杯中的水不够，可以继续用汤匙往里面加水。

将冰块放入一个装满水的杯子，冰块的上部会高出杯沿

观察到什么？

冰块渐渐融化，水温越高，融化的速度越快。但是杯中蠢蠢欲动的水并未溢出。

解释

冰的密度比水小，也就是说，它的体积比同质量的水大，

因为水在结冰时体积会膨胀。膨胀的原因在于冰的晶体结构。在此晶体结构中，每个水分子都分配到一个固定的位置，此外还有许多空隙，导致了体积的增大（参见《小实验 1》第 49 页）。

冰融化时，体积也会随之变小，因为晶体结构慢慢消失，水分子又可以互相靠拢，从而填补了空隙。因此，杯中水面下的那部分冰在融化过程中体积变小，使得水面下降；同时，水面上的那部分冰也逐渐融化，其融成的水恰好弥补了下降的水面。所以，最终不会有一滴水从杯中溢出。

我们在杯中观察到的现象对于极地考察来说意义非凡。北极由几十万立方千米结冰的海水组成。若这些巨大的“冰块”开始融化，海平面是不会因此而上升的，就像杯中的水不会溢出来一样。如实验所示，生态辩论中的这一推断——全球变暖导致北极冰融化，从而引起海平面上升——并不正确。

但是，海平面上升确实部分地是因为全球变暖。全球变暖导致海洋水温上升，致使水的体积膨胀，从而引起海平面上升。（所以，实验中用到的温水在一定程度上也影响了这一现象，因为放入冰块会使水温下降，同时也使水的体积缩小了。）

此外，南极洲陆地冰川和雪的融化也导致了海平面的上升。①

12. “冰上”的油

正在往盛有冰块的杯中倒入威士忌时，冰块不会往上浮，但此后，冰块都是浮在上面的，因此，不存在所谓“冰上威士忌”②。除非您以迅雷不及掩耳之势，趁着冰块还未上浮之际一饮而尽，否则只能将其称为“冰下威士忌”。但是，有一种液体，冰在其中却是另一种情况。

所需材料

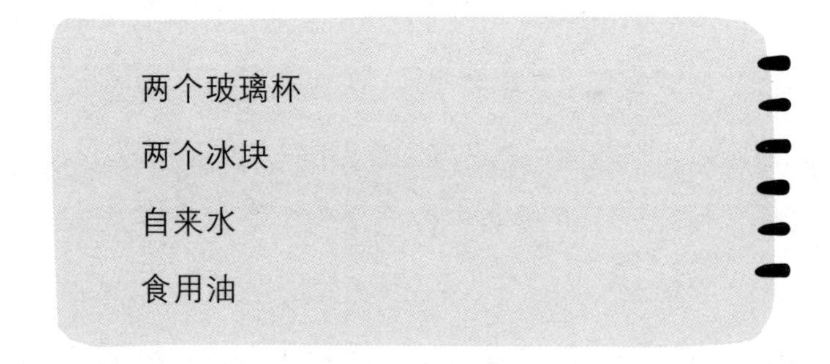

① 详细信息见：www. 3sat. de/nano/astuecke/1740。
② 一种关于威士忌的鸡尾酒，在大量的冰块上倒威士忌，又叫“悬浮威士忌”。

实验过程

每个杯子里放入一个冰块。往其中一个杯子里加入水，另一个杯子里加入同样体积的油，直到能分辨出冰是上浮还是待在杯底（如果您和孩子比较节约用油，则不必把实验用过的油都倒掉）。

观察到什么？

水中的冰浮在上面，油中的冰则待在杯底或略微离开杯底。

解释

“肥的总浮在上面。”——这句话也适用于液体的油，因为油的密度比水小（参见“一滴墨水在两种分离的液体中的旅行”，本书第 45 页及其后几页）。由于油的密度也比冰小，所以油便浮在冰上，或者说冰块沉到油底。冰浮在水面上确实让人惊奇，毕竟冰也是由水组成的，只不过物态不一样而已。冰之所以浮在水面上是因为冰的密度比水小。水在结冰时会膨胀，进而体积变大，所以，在同样质量下，冰的体积比水大，密度比水小（参见《小实验1》，第49页）。

我们来比较一下水、冰和油的密度：水的密度最大（20℃时，0.998206g/cm^3），冰的密度稍小一些（0℃时，0.918g/cm^3）。那么油呢？从实验中可以看到，油浮在冰上面，因此，它的密度比水和冰都要小（橄榄油的密度为0.914g/cm^3）。有些种类的油，比如亚麻籽油，密度比橄榄油高一些，所以冰块会悬浮在油中，但无论如何是不会浮在油面上的！

13. 自制“密度测试器”

不同液体有不同的密度，比如水的密度比食用油大。当液体不能相溶时，在它们接触的地方会形成分界面，就像水和油那样，密度的不同显而易见。

除了油之外，还有一些液体不能直接溶于水，因而形成了分界面，比如蜂蜜。分界面上的蜂蜜要经过一段时间后才会溶入水中。

将几种液体依次倒入容器中，能制成一种“测试器”，利用这种“测试器”我们能估计出其他物质的密度。

所需材料

一个高玻璃杯

一些蜂蜜

自来水

油

由各种不吸水的材料制成的各类小物件：比如回形针、图钉、软木塞、葡萄干、硬币、木块等

实验过程

把上面列出的三种液体倒入玻璃杯中会发生什么现象？也许您的孩子能预测出来？

孩子说出自己的预测后，先让他把蜂蜜倒入杯中，高度为距杯底一拇指宽。接着往杯中加入水，水面到杯子高度的一半。最后加入油，使水面上的油层的高度也达到一拇指宽。

“密度测试器”就制成了。现在，让孩子在各类小物件中选出一个，预测一下它能沉到杯中的哪个部分，然后让孩子小心地把该物件放入杯中。

观察和解释

每一个小物件都能准确地在杯中找到一种与自身密度匹配的液体：有些物件，如回形针，沉到了杯底，因为金属的密度非常高，高于杯中的三种液体；另一些物件，如葡萄干，则滞留在水中，因为它们的密度和水相仿；还有一些则浮在油面上，另一些恰好停在水和油的分界面上。仿佛变魔术似的，每一个物件都在液体层中找到了与其密度和体积匹配的位置。通过实验，孩子能根据物件在液体中的位置，间接地，但不是准确地，判断出该物件的密度相对于油、水和蜂蜜的大小。

14. 回形针赛跑

让回形针从半空中落下，它很快就能到达地面。但它沉向水底的速度会慢一些，穿过糖浆和蜂蜜则需要更多的时间。为

什么会这样呢？是因为空气不像糖浆那么黏稠吗？但油也不黏稠，为什么回形针在油中下沉的速度比在空气和水中慢很多呢？让我们来仔细瞧瞧回形针在液体中下沉的情形吧。

所需材料

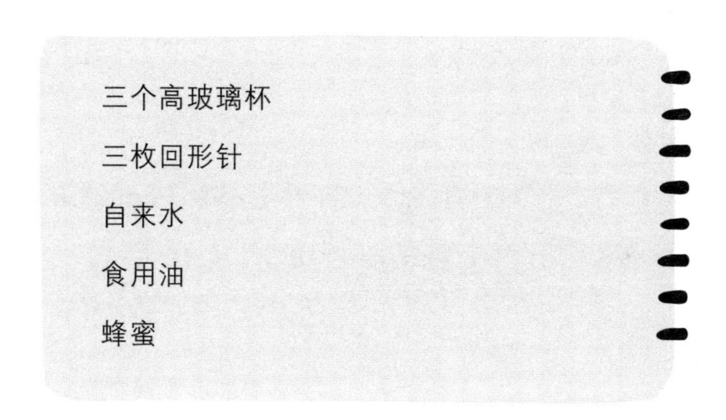

三个高玻璃杯

三枚回形针

自来水

食用油

蜂蜜

实验过程

让您的孩子往其中一个玻璃杯中加水，直到水面距杯底5～6厘米。再往另两个玻璃杯中分别加入同样多的油和蜂蜜。为了不浪费太多的油和蜂蜜，选取的玻璃杯的直径要尽可能小，这样所需的液体的量就会很少。只要保证每种液体6厘米左右的高度，就能有不错的实验效果。

为了更准确地观察三枚回形针在液体中赛跑的状况，必须确保它们同时起跑。所以此时需要您的帮助：当孩子将两枚回形针分别平放在水和油表面时，您须在同时将另一枚回形针平放于蜂蜜表面。比赛开始了！哪一枚回形针最先到达杯底？哪一枚最后到达？

观察到什么？

投入水中的回形针瞬间就到达了杯底，第二名是油中的回形针，而蜂蜜中的回形针需要的时间最长。

解释

回形针在三种液体中下沉的速度使我们能对这三种液体的内部结构有所了解。

回形针在“干燥”的环境中，即在空气中落下时，能很快到达地面。这是因为空气是气体，气体小分子们彼此不会连接在一起形成网状，可自由移动，所以回形针可以毫无阻碍地落到地面上。

水的阻力比空气大，因此，回形针在穿过水层时难度大一些。我们可以说，水相比空气要“黏稠”，也就是说，水分子之间有着更大的“摩擦力”，更确切地说，是黏度。①

我们都知道，水的“黏度”并不特别大；水能够很容易地从器皿中倒出来，游泳的时候我们还能达到相对较快的速度。而油的黏度却要大得多，蜂蜜则更大。为什么它们的黏度不一样呢?

黏度一方面由液体分子的大小决定：分子小，则黏度低，回形针因此能很快地穿过。水由小个子的球形分子组成。油则由明显较大的原子兵团组成。我们来做一下比较：每个水分子由三个原子组成，它们形成一个较大的组合；葵花籽油的主要成分亚油酸的分子则由五十二个原子组成，而组成蜂蜜的“零部件”更大。黏度的大小和回形针下沉速度的快慢还取决于另一个因素，那便是液体分子之间的吸引力。虽然水分子之间的吸引力很大，但油和蜂蜜内部的吸引力更大，分子大小和分子间的交联互相制约（范德华力）。因此，回形针在下沉时必须

① 确切地说，黏性是液体（或气体）的特性，阻碍液体（或气体）流动。黏性也与在液体中下沉的物件遭遇的阻力有关。黏度即黏性的大小。

先突破分子间的链接，相比之下，在彼此结合得不算太紧的小个子水分子中，回形针能更容易地沉到杯底。

水的黏度约为 1mPa·s（毫帕·秒），葵花籽油约为 1000mPa·s，蜂蜜甚至为 10000mPa·s。

事实上，回形针的赛跑并不公正，因为我们早就定好了谁是赢家。

15. 怎样顺利地穿过白色的玉米淀粉湖?

那奴和乌什是两只好动的小糖熊，它们在一次长途散步时

来到了一个奇怪的湖边：湖水不是清澈的，而是白色的，因为这个湖是由大量淀粉溶在少量水中形成的。那奴和乌什本来早就该回家了，它们若回去得太迟就会挨骂，所以如果能穿过这个湖，便能大大缩短它们的行程。但是湖上根本没有桥，于是它俩就想，能不能直接从湖上走过去。它们当然知道，在水面上不论走多快都是不行的，但也许在这个奇怪的白湖上这么干行得通。在它们冒着掉下去的危险穿过湖面之前，先让您的孩子来尝试下面这个实验，以帮助它们安全地找到回家的路。

所需材料 ☺

- 纯玉米淀粉
- 自来水
- 一个玻璃杯
- 一个汤匙
- 当然，别忘了那两只叫那奴和乌什的小糖熊

实验过程

首先制作由玉米淀粉和水组成的悬浮液。① 为了获得最好的观察效果，淀粉和水的体积比例应为 2∶1，比如，100 ml 淀粉（60g）和 50 ml 水（50 克）。

让孩子在杯中加入两匙玉米淀粉，然后边搅拌边加入一匙水（开始搅拌时会比较吃力）。等到搅拌均匀后，再重复上面

① 悬浮液即不溶解的固体颗粒和液体的混合物。

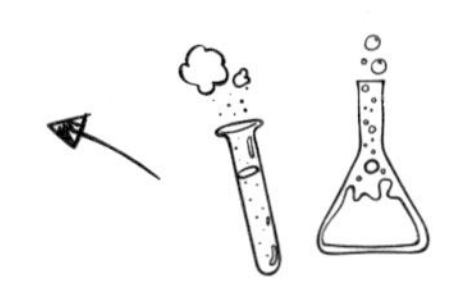

的过程，直到悬浮液达到杯子高度的三分之一。之所以不是一次性加入所有材料，是为了避免扬起粉尘，同时也为了易于搅拌。现在，那奴和乌什得做决定了：它们会掉进淀粉湖里吗？我们用汤匙来代替小糖熊的脚。当孩子用汤匙边迅速压一下悬浮液时会发生什么现象？如果动作很慢又会怎样？根据不同的实验结果，小糖熊可以选择是快速还是缓慢地走过湖面，或者干脆放弃，绕湖而行。

观察到什么？

孩子用汤匙使劲压悬浮液表面时，会感受到一股强烈的阻力。悬浮液如同固体物质一般阻止汤匙下压。

当把伸入悬浮液的汤匙猛地一下从悬浮液中抽出时，会看到整个杯子都“挂”在了汤匙上。如果动作很慢，则会收到相反的效果。比如，让孩子慢慢地把汤匙插入悬浮液中，汤匙就好像在纯液体中一样，不会受到阻碍。把汤匙从这杯白色混合物中非常缓慢地抽出时，黏附在汤匙上的悬浮液会慢慢地流下来。

解释

我们在沙滩散步时也能观察到类似的现象：在沙滩上，脚印附近的沙子总是比其他地方的沙子看上去干一些。这不是因为沙子里的水被脚踩过后更快地气化了，而是因为水在沙子里发现了空隙，而在我们的脚踩上去之前，这些空隙并不存在。空隙是怎么产生的呢？通常情况下，沙粒彼此挨得非常紧密。脚施加给沙子的压力使得脚周围的沙子体积增大，形成微微隆起的小包。体积增大是因为沙粒们不如之前挨得紧密了，产生了空隙。水流进这些空隙，使得沙子看上去比较干。

把这个现象放到我们的实验中：我们用淀粉和水组成的悬浮液替代沙子，用汤匙替代脚。当我们用汤匙使劲压悬浮液表面时，受压部位周围的体积会变大，因为淀粉的分子们重新进行排列，产生了空隙。水便趁机流入这些空隙。

与沙子相比，淀粉的效果更显著，因为重新排列的分子由于受到压力而互相连接在了一起（它们形成了氢键）。由此，悬浮液在应对巨大的压力时如同固体一般。

汤匙缓慢地动作时，由于压力太小，不能使淀粉分子重新排列，因此不会产生空隙，无法给水提供去处，淀粉分子们也

不会连接起来。淀粉颗粒间的水此时更像是润滑剂，有助于小颗粒的滑动，使得整个悬浮液富有液体的流动性。

现在，我们的小糖熊怎样才能顺利地穿过湖面呢？答案是：走在湖面上时步子要结实有力，这样才能使脚下的淀粉分子重新排列，产生空隙，受压的水才能流入空隙，分子间的连接也才能建立，此时的湖就像凝固了一般。小熊们可千万不能步子轻柔缓慢地走在湖面上啊！

16. 烛　　火

蜡烛对我们有很大的吸引力——特别是对孩子们。很重要的一点是，要让孩子尽早知道怎样熄灭蜡烛，以防万一。熄灭蜡烛的方法是赶走空气——用“空”玻璃杯，即只装有空气的玻璃杯罩住燃烧的蜡烛，由于杯中的空气被烛火渐渐“吞尽”，或者说发生化学反应，转化成了二氧化碳和水，蜡烛熄灭了。既然通过赶走空气可以熄灭烛火，那么，也可以通过水或其他材料来隔离烛火与空气，从而将其熄灭。在您的孩子刚开始接触自然世界时，这些经验十分重要（参见《小实验 1》，第 28 页及其后几页）。

虽然蜡烛在生活中很常见，但许多关于蜡烛的现象都是值得观察的，而这些现象往往都被我们忽略了。下面这个实验的对象便是烛火：烛火的颜色究竟是怎样的？真的只是黄色的吗？为什么它呈“水滴状”？火焰每一部分的温度是否一样？

为了确保不发生任何事故，在和孩子一起做实验时，您一定要利用机会，指出燃烧着的蜡烛的危险性，并鼓励孩子们想出各种赶走空气从而熄灭蜡烛的办法。

现在言归正传：烛火真的是黄色的？它到底长啥模样？为什么？它有哪些特点？

所需材料

- 一根蜡烛或一个杯烛
- 一根烤肉棒或其他细长的木棍
- 一个打火机或一些火柴

实验过程

替孩子点燃蜡烛，[①] 让他仔细观察火焰的模样。若手头有纸和彩笔，则可以将火焰的颜色描画下来。

现在将烤肉棒插入火焰，直至颜色较暗的区域，即靠近烛芯的地方，仔细观察烤肉棒的哪一处有明显的烧过的痕迹。注意时间不要太长。

观察到什么？

烤肉棒只有处于火焰边缘的部位被烧黑了，处于火焰颜色较暗区域的部位几乎没有变化。

解释

首先来观察一下火焰的颜色：烛芯周围颜色较暗，仔细观察，会发现火焰的外缘是蓝色的，此外，火焰上部是黄色的。

我们看不到也感觉不到的是火焰各部分之间巨大的温度差别：从 80℃到 1400℃；烛芯周围的温度相对较低，因为此处帮助燃烧的空气（确切地说，是氧气）最少，相应地，温度较

---

① 复习一下熄灭蜡烛的几个实验：可以用杯子或水来隔离空气，还可以将醋和小苏打混合在一起，产生较重的二氧化碳气体，并将这种气体“喷洒”在烛火上，使烛火因与空气隔离而熄灭。（参见《小实验 1》，第 32 页及其后几页）

高处则在火焰能充分接触空气的部分，即火焰外缘及其上半部。

火焰的特殊形状由所谓的对流造成，对流即因空气密度不同而产生的流动。热空气比冷空气密度低，因而向上运动。在火焰中上升的热空气拽着周围和下面的冷空气，火焰因此被拉长了。[①]

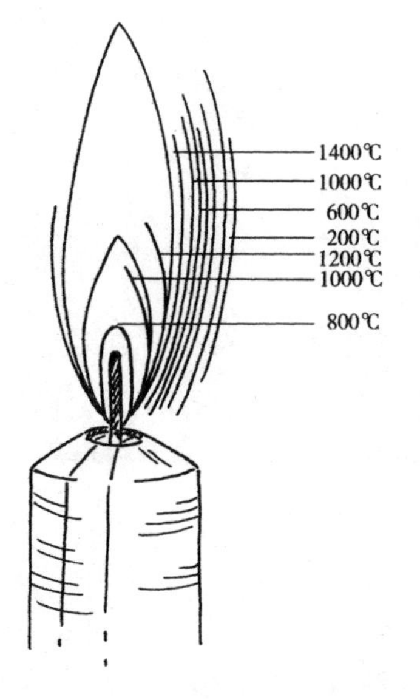

蜡烛燃烧时，究竟有什么东西被消耗掉了，是什么导致火焰的各部分有不同的温度和颜色？

蜡烛的燃烧材料是蜡，蜡在常温下为固态。烛芯一般由吸水性材料制成，如棉花，点燃烛芯，蜡便开始熔化。液态的蜡被烛芯吸到其顶端，火焰的高温使得蜡粒子裂开，我们称之为热解作用，由此产生的碎末比蜡粒子更容易发生化学反应。

---

① 美国国家航空航天局就蜡烛燃烧现象进行了大量研究。1992 年，航天员在执行太空任务时点燃了 10 根蜡烛，观察产生的现象。1996 年，在俄罗斯空间站 MIR 上进行了进一步的实验：在失重状态下，由于不再受到空气密度差别的影响，烛火形成了围绕着烛芯的半球。由于氧气供应不足，抑制了蜡烛的燃烧，所以烛火呈蓝色（罗特·格哈德 2003，第 37 页）。

这个时候，氧气才开始发挥功能：它接触蜡碎末，然后与其发生化学作用，也就是说，反应主要发生在火焰外层。与此同时，由氧气和蜡碎末中的氢元素产生出了水蒸气，但最重要的是以光和热的形式释放出许多能量。

在蜡碎末和氧气的化学反应中，碳留了下来，形成球状的煤炱小颗粒。小颗粒上升到火焰中温度较高的区域后开始燃烧，使火焰散发出温暖舒适的光芒。煤炱小颗粒继续上升到更高处时，转化成了二氧化碳。朝火焰的这部分吹口气使之略微降温，煤炱小颗粒便无法继续燃烧——蜡烛开始冒烟。

实验中，为什么烤肉棒只有处于火焰外缘的部位被烧黑了，而不是处于火焰中心的部位？只有在火焰外缘，氧气才能接触到烤肉棒，从而促使其燃烧。火焰中心虽然有不低的温度，但没有木头燃烧所必需的氧气。

17. 蛋壳和牙齿的相似之处

虽然我们的牙齿看上去和蛋壳没有丝毫相似，但两者其实是有共同之处的：不论是牙齿还是蛋壳都对酸很敏感。

即使那些很少吃酸味食物的人也得保护牙齿免遭酸的攻击，因为淀粉和糖最后也会分解成酸。这是口腔细菌所致（特别是变异链球菌）。它们首先把淀粉分解成糖，再把糖氧化成乳酸。分解生成的物质会损害我们的牙齿，其效果和醋对蛋壳的损害一样。让我们在下面的实验中仔细观察这一现象。

为避免酸对牙齿的损害，我们可以采取一些预防措施，比如刷牙，这样牙齿就不用直接面对酸了。在牙齿上直接涂上保护剂，比如护牙凝胶，也能避免有害的酸作用。

所需材料

- 一个生的或熟的鸡蛋
- 含氟量高的牙膏或护牙凝胶
- 一支牙刷或一个蛋杯
- 食醋
- 一个大玻璃容器，比如量杯或透明的花瓶

实验过程

让孩子将鸡蛋壳的一半涂上护牙凝胶，另一半原封不动。他可以用牙刷把护牙凝胶涂在蛋壳上，也可以涂在蛋杯上，然后把鸡蛋放入蛋杯，使蛋壳与护牙凝胶接触。为了使蛋壳和护牙凝胶充分反应，必须等上两分钟，而使用蛋杯能使两分钟的等待简单许多。之后，用水将蛋壳洗净，并把蛋壳放入玻璃容器，再倒入醋，使之没过蛋壳。

观察到什么？

蛋壳上没有接触到护牙凝胶的部分出现了小气泡；而接触过护牙凝胶的部分则毫无变化，即没有受到酸的腐蚀。

解释

蛋壳主要由碳酸钙组成，碳酸钙是一种自然界中常见的化合物，是骨骼的组成成分，也以岩石的形态出现，比如白云岩。我们的牙齿也含有碳酸钙，但同时也含有其他多种矿物质，如羟磷灰石。

醋，确切地说，是醋酸——因为食醋就是一种浓度约为 5% 的醋酸溶液——能够和所有碳酸盐发生反应，并产生二氧化碳（参见《小实验 1》第 86 页及其后几页，以及本书第 135 页）。其背后的化学原理是，强酸能使弱酸（本实验中的弱酸为碳酸）从矿物或者说盐中分离出来。碳酸很容易分解成水和二氧化碳。所以，我们的牙齿对酸特别敏感，同样，蛋壳也会在醋酸中渐渐溶解并释放出二氧化碳。

上面的实验清楚地告诉我们，碳酸化合物经过含氟物质处理后，不会再遭到醋的“侵袭”。

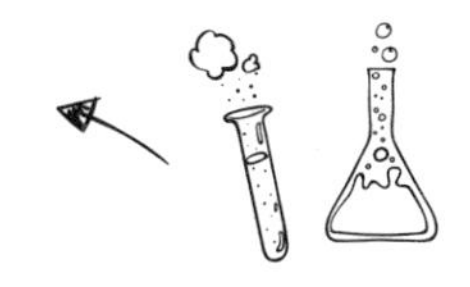

仔细观察牙膏或者护牙凝胶的成分，我们会发现，其中有氟化物，氟离子能够迅速地和碳酸钙中的钙离子发生化学反应，产生氟化钙（CaF_2）。该化合物非常稳定，并和凝胶中的其他物质一起形成保护膜，从而使我们的牙齿以及实验中的鸡蛋壳不会立刻遭遇酸（或者是会逐渐转化成酸的淀粉和糖）的侵袭。

18. 为什么夏天穿白衣服比穿黑衣服舒服?

——当然前提是阳光灿烂而非阴雨绵绵

相比黑衬衫，在太阳底下穿白衬衫能使我们不那么快地大汗淋漓。同样，白色轿车也不像黑色轿车那么容易被太阳烤热。

在阳光强烈的地方，大自然也比较偏爱白色或浅色。比如，许多花朵都是白色的，很少有黑色的花，否则在强光下植物的温度会升至过高。

下面这个简单的实验将向我们展示黑白两色对水温升高的影响。

所需材料

两个同样大小的空酸奶杯①

自来水

太阳光或者直接照着杯子侧面的灯光

白色和黑色的纸或纸板

（如果手头有的话：一支刻度区间为 20 ℃ ~40 ℃的温度计②）

实验过程

洗干净两个酸奶杯，然后让您的孩子给酸奶杯的外壁分别罩上白纸和黑纸（纸板）。

在这两个杯子中倒入自来水，注意两杯水的水温和水量须

---

① 酸奶杯越小越好，因为越小的酸奶杯可放入的水越少，这样水温升高也更快，温度的不同也能更明显地感觉到。如果手头有温度计，能使测试过程更容易。

② 在厨房里制作酱汁时，精确的厨房专用食品温度计也是非常有用的，这些可在茶店和家用物品店购得。

一致。如果手头有温度计，可以测量一下此时的水温。如果没有，也可以用手指来感觉一下水温。

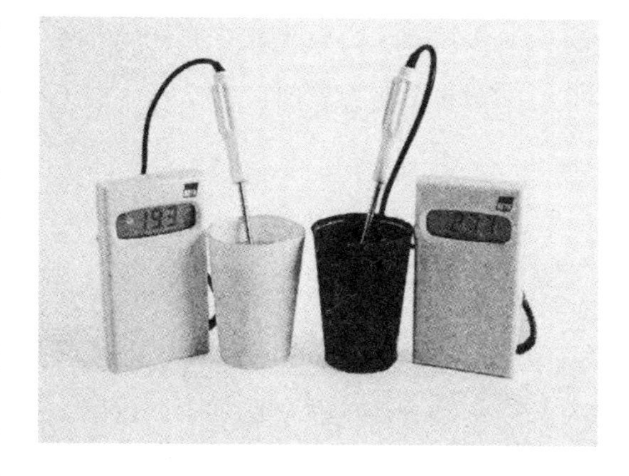

接着把两个杯子放到阳光充沛的地方，比如窗台上。若是下雨天，也可以把杯子置于灯光下，让灯光直接照射杯子侧面。20分钟后，用手指测一下水温，但最好是用温度计测量。

观察到什么？

经过阳光或灯光照射后，黑色杯子中的水温比白色杯子中的水温高。

解释

照在物体上的阳光或灯光会被物体接受或退回，我们称之为吸收和反射。白色物体，比如实验中的白色酸奶杯，会反射所有光线，也就是说，光线被物体表面弹回。相反，黑色物体则会吸收所有光线，在实验中表现为杯子中的水升温。

夏天，我们若穿着黑色 T 恤，会感觉很热，因为照射其上的阳光被全部吸收，转化成了热量。白色 T 恤则会反射所有光线，从而阻止照射其上的阳光转化成热量。

蓝色、黄色和红色的物体又会怎样呢? 这些物体也会吸收和反射光线，只是没有黑色（吸收所有光线）和白色（反射所有光线）那么极端。[①] 人眼能分辨的颜色属于光中被反射的那部分，与此同时，所有其他光线则被吸收并转化成热量。比如，您的孩子此时也许穿着一条红裤子。为什么裤子是红色的? 因为裤子的材料，更准确地说，是纤维上的着色，对光线进行了区分：光的一部分被吸收了，另一部分则被反射出去，表现为我们看到的颜色。在这个例子中，被吸收的那部分光是蓝绿色的。这种颜色有特定的光波长度，即 490 纳米[②]。这部分光被吸收后转化成了热量，未被吸收的光则显现出我们见到的红色。

① 严格地说，白色和黑色并非真正的颜色，因为颜色是这样定义的：光的一部分被物体吸收，另一部分被物体反射而显现出我们看到的色彩。因此，黑色的 T 恤是不存在的！

② 纳米表示十亿分之一米。

如果此时遮住所有光源，那么裤子的颜色也就看不到了。看不到颜色是因为没有光源，材料既不能吸收光线，也不能反射光线，正所谓伸手不见五指——只有猫还是我们所熟悉的灰色。

下面列举了一些被吸收的光与显现出来的颜色的固定组合：

被吸收的光线的波长（纳米）	被吸收的颜色	显现的颜色
730	紫（红）	绿
640	红	蓝绿
590	橙	蓝
490	蓝绿	红
425	靛蓝	黄
400	紫罗兰	泛绿的黄

19. 小糖熊想登高望远，或：哪种材料导热？

自从帮助那奴和乌什穿过淀粉湖（见本书第98页及其后几页）之后，我们便知道了，小糖熊并非像广告里说的那样只是一种甜食。

这回，那奴和乌什又兴致高涨：它们和新朋友菲利克斯打赌，三人分别抱紧一件下半部插在一杯热水里的长物件，从空中俯瞰周围的景致，看谁坚持得最久。

它们马上动身去找能搁在水杯中的长物件：比如塑料吸管、长柄汤匙、烤肉棒，或者其他一些东西……

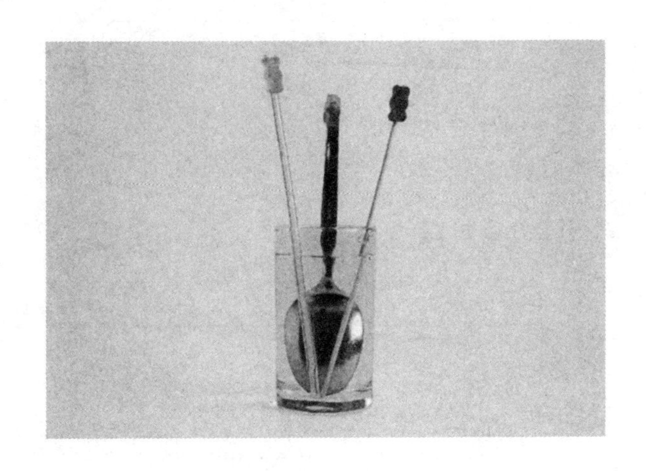

所需材料

一个耐高温玻璃杯

一个长柄汤匙

一根塑料吸管

一根烤肉棒

热水

一些从冰箱里拿出来的植物黄油

小糖熊包装袋里的那奴、乌什和菲利克斯

实验过程

在玻璃杯中加入热水（万一小糖熊们掉进去了，也不会被冻着），让孩子把小糖熊们分别固定在材料中提到的三个长物件的顶端。可以借助一匙冷冻植物黄油将小糖熊们粘上去（这样就不必把它们插在上面了）。接着，小心翼翼地把汤匙（匙柄的一部分此前须用水冲一下）、烤肉棒和吸管的底端浸入热水中，于是小糖熊们便高高地悬于热水上方了。

观察到什么？

起初，小糖熊们还能享受一览众山小的感觉，但不久，其中一只就滑了下来，是那只粘在金属汤匙柄上的小糖熊。被黄油分别固定在烤肉棒和塑料吸管上的两只还会再坚持一阵子。

解释

不同的材料有不同的导热能力：木头和塑料不会导热，就像它们不会导电一样，它们是绝缘体。金属则能很好地输送热量，具有导热性。① 植物黄油很好地展现了金属、木头和塑料的导热能力：金属匙柄上的黄油融化得最快，于是小糖熊滑落到了桌子上。

20. 沙子城堡干了怎么办，或：不用胶水怎么粘？

那奴和乌什来到海滩上，它们想要一个沙子做的城堡当度假公寓。但由于胳膊太短了，它们急需孩子们的帮助，而孩子们也非常乐意参与这项建造工程。

因为湿的墙壁会给小糖熊们造成可怕的后果，所以在工程开始前，沙子都被放到太阳底下晒干了。那奴和乌什满意地观察着工程的进展情况。但一会儿工夫之后，孩子们便意识到根

① 物质的导热性最终和电子运动有关：在金属中，电子不仅在特定的原子间运动，还能越过一个较大的区域。电子的运动性从金属的导热性也能看出。热能通过电子传输。不同金属的电子热衷运动的程度不同，所以导热性也不同，比如铝的导热性明显比铜差——幸好小糖熊们没找到铜汤匙。

本无法把沙子粘在一起：垒起的沙子城堡一再坍塌。小糖熊们只好失望地在沙滩附近寻找其他住处，但它们仍想搞清楚工程失败的原因。路上，它们碰到了老朋友菲利克斯，它向怕水的小糖熊们解释了城堡塌掉的原因。

如果您的孩子也想知道为什么城堡无法建成，不妨试一试下面这个实验。

所需材料

（如果附近有干净的沙子，可以将其在阳光下晒干，然后，就像小糖熊们造城堡那样，试着筑起一个稳固的小沙丘。）

准备好以下实验材料：

一张纸

一个光滑垂直的平面，如窗玻璃或门

一些自来水

实验过程

让孩子猜想一下水是否有黏性。然后让他把纸浸湿，并将其平铺在垂直的平面上压一下。看看会发生什么。纸粘在平面上了吗?

观察到什么?

只要纸是湿的，便能粘在垂直的平面上；一旦干了，它就会掉下来。

解释

水有黏性，只是并不长久。但水究竟为什么有黏性，尽管持续时间很短，而且也不牢固?

要弄清楚水的这一特性，让我们先来看看这座沙子城堡：沙子由微小的颗粒组成，颗粒们彼此之间没有吸引力。用放大镜观察这些颗粒，可以看到每个颗粒的表面都不是平坦的，所以它们彼此之间只有很小的接触面。因此，干燥的沙子总是筑不起沙堡来。

如果用水打湿沙子，沙粒间就会形成薄薄的水膜，水和沙

粒之间进而产生连接力。① 人们也称之为黏着力，以解释黏合剂（水）与材料（沙）之间黏着的原因。

同样，水在短时间内对纸和垂直平面施加了连接力，使纸粘在了垂直平面上。

但纸和平面之间，包括沙粒之间的黏性并不强。只要稍一用力，就能把纸从平面上拿下来；大风一吹，就能使刚建起的沙子城堡分崩离析。

为什么水的黏性不强？因为水内部的力量不大，水分子们很容易互相分开，自由移动。我们能轻松地用汤匙搅动杯中的水，由此破坏水分子之间的连接。就这样，很小的力量便能破坏水分子间的连接，使水失去黏性，于是粘在一起的物体就分开了。我们将黏合剂“内部”的连接力称为内聚力。黏合剂的内聚力通常比其黏着力要强好几倍。

令人惊奇的是，水也可以拥有很强的内聚力，条件是结冰。让我们在下面的实验中仔细观察这一现象。

---

① 确切地说，在水的偶极性，也就是局部电荷的作用下，水对沙粒产生了吸引力，使后者也带有局部电荷。

所需材料

两块玻璃，如两面小镜子，镜面须平滑且没有镶边，以便两个镜面能亲密接触

几滴自来水

冷藏室

实验过程

让您的孩子在那两块光滑的玻璃或镜面上滴几滴水，然后把淋了水的那两个面合起来压一下，接着小心地尝试将两块玻璃分开。

最后把合起来的两块玻璃放入冷藏室。

观察到什么？

当孩子尝试分开那两块合在一起的玻璃时，会感到有阻力。两块玻璃虽然受到拉力，却仍粘在一起。冷冻过的两块玻璃则需要更大的力量才能分开。

解释

两块玻璃由于水的帮助粘在了一起，那是因为水在玻璃之间产生了黏着力，这与前一个实验中的纸和光滑平面的情况类似。由于水分子间的吸引力很小，稍用点力便能把两块玻璃板分开。

水在冰箱中结成了冰，由此，水分子间的连接，即内聚力增强了。两块玻璃会很牢固地粘在一起，直到冰融化成水。①

也许可以将结冰的沙子城堡作为那奴和乌什的海边度假公寓，那一定坚不可摧——但海滩上什么时候结过冰呢?

21. 自制淀粉糨糊

前一个实验的主题是黏性，以水为例。而本次实验将会介绍如何制造一种易保存的、黏性明显比水强的黏合剂，同

① 冬天汽车门会冻严实，这也是因为结冰的水具有很好的黏连效果。温度降到零下时，空气中的水蒸气会在门框上结冰，由此产生的内聚力非常大，有时甚至撕裂了粘在冰上的橡胶垫都不能打破这一内聚力，也就是说，冰和橡胶垫之间的连接比橡胶垫各部分之间的连接还要牢固。

时解答这个问题：为什么它的黏性那么强（参见：Gruber-Schradin 2004，第 24 页及其后几页）。

所需材料

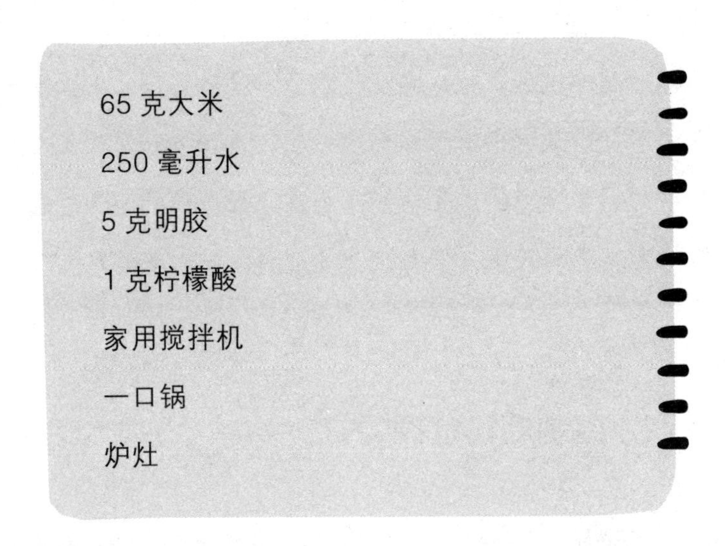

65 克大米
250 毫升水
5 克明胶
1 克柠檬酸
家用搅拌机
一口锅
炉灶

实验过程

将大米放入水中迅速煮沸，之后继续煮 40 分钟。然后用搅拌机把大米搅碎，直至见不到大的颗粒。把 200 克搅碎的米糊放入锅中，点燃炉灶加热，并加入明胶和柠檬酸搅拌，直

至米糊变得黏稠。为了长期保存自制糨糊，需要将它注入一个可拧紧的容器中，比如空果酱瓶。现在来进行第一次测试：用糨糊把两张纸粘在一起。

观察到什么？

淀粉糨糊呈灰色，能方便地涂抹在物体上。用淀粉糨糊粘在一起的纸过很长时间都不会散开。

解释

上个实验中有关黏着力和内聚力的原理也可以运用到自制糨糊上。这两张纸粘得很牢，我们由此可以得出结论：糨糊和纸之间的黏着力很大。而在拉力作用下，纸依旧粘得很牢，这说明糨糊也有内聚力。为什么呢?

纸的主要成分是纤维素，其结构和糨糊中含有的淀粉相似，后者来源于大米。纤维素和淀粉都由所谓的羟基群组成，羟基群也称 OH 群，相互之间基于静电作用形成了稳定的连接。该连接一方面产生在含有纤维素的纸和糨糊之间（黏着力），另一方面存在于淀粉分子之间（内聚力）。自制糨糊能很好地黏合两种含有纤维素的东西，如纸、纸板、木块等等，但不能用于黏合人造材料，比如以聚乙烯为原料的塑料袋，因为糨糊和聚乙烯之间没有羟基群，不能建立起稳固的连接。

柠檬酸在这里主要用于保存糨糊，否则糨糊三天内就会发霉；明胶则用于加强浓稠度，使糨糊能方便地涂抹在物体上。

对于那奴和乌什来说，沙子城堡真的不是个很好的度假公寓，因为它要不就太湿了，要不就干得建不起来。所以，不妨用自制的淀粉糨糊给它俩做一个牢固的小纸屋！

22. 化学鉴定法

我们常常用化学反应来鉴别某种特定的物质。若食物中含有糖、淀粉或脂肪，即便数量很少，也能借助化学反应检测出来。在用化学方法来协助调查刑事案件的法医鉴定中，这一方法也起着非常重要的作用。

许多鉴定反应都是偶然发现的，它们不以常规的学科术语命名，而是以发现者的名字命名，这提醒着人们它们被发现的偶然

性，如斐林试剂被用来鉴定一种糖的存在，奈斯勒试剂被用来鉴定铵盐，焰色反应中的“林曼绿”可以用来鉴定锌。这些偶然发现的鉴定反应中的很大一部分有一个共同点，即它们的化学原理很长时间都未被人们认识到，有的到今天仍未被破解。这类鉴定法通常以明显的颜色变化来检测某种物质，非常有效，所以被广泛使用，但很少有人出于兴趣追问为什么一种特定的物质会引起那种颜色变化。

炼金术的时代是鉴定反应的宝库，直到今天，我们还在运用这些鉴定方法。在过去，炼金术士们冒险寻求智慧之石和黄金转换术，试图通过这些找到通向永生的入口。一些颜色鉴定反应就是在这一时期被发现的。认真的炼金术士们会兴奋地记录下这些反应，以此给他们寻求基本粒子却从未成功的实验添加一点可信度。炼金术士们对炼金术和基本粒子的狂热持续了几百年，尽管他们最后都以失败告终，但对于化学鉴定法来说，这却是“黄金时代”。

接下来为孩子们准备的化学实验将涉及经典的鉴定法，不仅会使厨房里阴暗的下午变得紧张而刺激，还能通过侦破案件给孩子的生日制造惊喜。作为开场，我们先来处理一个安全却棘手的事件。

23. 面包师克林格尔曼的面粉在哪里?

这几天，面包师克林格尔曼又犯了丢三落四的老毛病。上周他睡过了头，导致整个村子早上都没有新鲜面包吃。今天又出了点问题：前天，有人把几公斤发酵粉、面粉和糖送到他的院子，他迅速地把东西分别装入袋子中。由于太过着急，也因为这几天总是这么丢三落四吧，他忘了给袋子贴上标签。

糖比面粉和发酵粉甜，所以克林格尔曼很容易就找出了装糖的袋子。但这招却不能用来区分面粉和发酵粉，因为两者都没什么味道。

这时，克林格尔曼想到了他几十年前上过的化学课。课上讲碘酒和淀粉在一起会起反应，后者就存在于土豆、面包和面粉中！究竟是什么反应呢？他当时要是多留心一点就好了。好像是碘酒能使淀粉显出某种颜色，是什么颜色呢？

克林格尔曼立马决定翻一下家用药箱，他找到了一小瓶伤口消毒剂……

您的孩子是否愿意帮助他找出面粉袋呢？

所需材料 ☺

五个玻璃小碗

一个茶匙

一些面粉

一些发酵粉

一些糖

一小块土豆

一些面包屑

含碘消毒剂（解决了面包师的问题后，这种廉价的消毒剂还能很好地用于日常生活。当然，碘酒亦可。）

实验过程 ☺

将上述五种食物每样舀取半匙，分别放入五个小碗中。由于克林格尔曼记起了碘能和淀粉发生反应，而面包和土豆中含有淀粉，所以可以先将含碘消毒剂滴在面包和土豆上，并仔细观察棕色消毒液的颜色有何变化。

接着把含碘消毒剂滴在面粉、发酵粉和糖上。

观察到什么?

含碘消毒剂使土豆和面包局部变成深蓝色(在溶剂中的碘浓度较高的情况下,可能会显现出黑色)。可见,碘能鉴定淀粉:淀粉在加入碘后会变成蓝色。滴入含碘消毒剂后,糖和发酵粉没有显示蓝色,而面粉则变成了蓝色。

用这一方法,面包师克林格尔曼便能找出他的面粉袋了:加入碘后颜色变蓝的粉末是面粉,不变色的则是发酵粉。

解释

淀粉是一种多糖,其分子个头很大,由多个单糖分子链接而成。[①] 它的螺旋结构正好适合碘原子进入,形成淀粉-碘复合物。一个螺旋中恰好能进入三个碘原子(更确切地说,是 I_3^-)。为什么淀粉在加入碘后会呈蓝色呢?螺旋中的碘原子会

① 在人体内,多糖会分解成糖,这也是为什么我们充分咀嚼面包时会感觉有甜味。所以,每次吃饭后都应刷牙,不要只在吃了甜食后才刷。

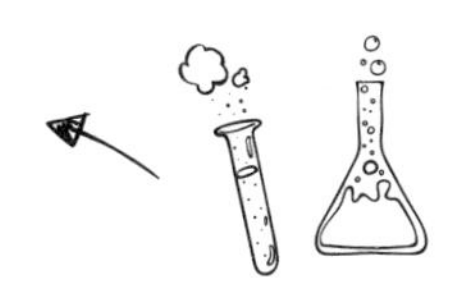

吸收光，未被吸收的那部分光显现出蓝色（参见本书第 113、114 页对于颜色之产生的解释）。

加热淀粉后，螺旋会变宽，使碘原子“掉出去”，于是蓝色消失；淀粉一旦冷却，则又会和碘原子结合，变成蓝色。这证明了确实存在碘和淀粉的复合物，在其中，碘原子恰好能进入淀粉分子的螺旋结构。不相信的话，可以把碗中变蓝的面粉加热——但其实我们早就解决了面包师克林格尔曼的问题，因为他的面粉和发酵粉袋子毕竟是放在常温下而非烤箱里。

24. 珠宝店里的脚印

莱辛斯基珠宝店昨晚被盗了，所有陈列柜都被搬空了。警方还在调查中，急需您和您的孩子的帮助。

目前总共有三个嫌疑犯，他们自然极力声称自己是清白的。而警方则找到一个能帮忙揪出真凶的证据：小偷在行窃时留下了一串清晰的脚印，取证小组在脚印里发现了一种白色粉末，而这三个嫌疑犯从事的工作正好都与某种白色粉末有关。他们分别是：经销葡萄糖的糖果商、和发酵粉打交道的面包师，以及做石膏雕塑的艺术家。

如果我们能确定该不明粉末的成分，就能将小偷缉拿归案了。

所需材料

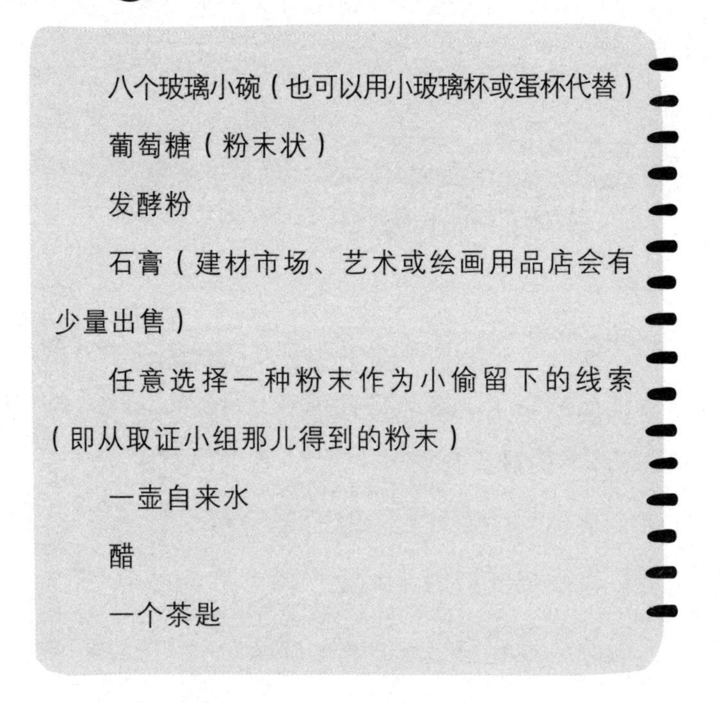

八个玻璃小碗（也可以用小玻璃杯或蛋杯代替）

葡萄糖（粉末状）

发酵粉

石膏（建材市场、艺术或绘画用品店会有少量出售）

任意选择一种粉末作为小偷留下的线索（即从取证小组那儿得到的粉末）

一壶自来水

醋

一个茶匙

实验过程

让您的孩子逐次取一匙葡萄糖、发酵粉和石膏，分别放入三个小碗中，并浇上一点自来水。

再逐次取一匙上述三种粉末，分别放入另三个小碗中，并浇上醋。为了记住发生的一切，需要将观察到的现象记录在下面的表格中，同时特别注意三种粉末各自的溶解情况和气体的产生情况。

	（糖果经销商） 葡萄糖	（面包师） 发酵粉	（艺术家） 石膏	不明粉末
在水中				
在醋中				

现在来检测一下从取证小组那儿得到的粉末。将其中三分之一放入小碗中，并浇上水；三分之一放到另一个碗中，浇上醋（剩余三分之一应当专业地保存起来，以备进一步检测之用）。根据该粉末在水中和醋中的不同表现，我们可以确定它究竟为何物。

观察到什么？

三种白色粉末在水中和醋中的表现各不相同：葡萄糖（化学成分为 D 型葡萄糖）在水中溶解，遇醋没有任何反应，也就是说，没有产生气体；发酵粉（主要化学成分为碳酸氢钠）在水中溶解，但溶解性没有葡萄糖强，它和醋反应释放出气体；石膏（硫酸钙）不溶于水，也不与醋发生反应。据此比对一下您选的“不明粉末”，真凶便暴露无遗了。

解释

本实验中用到的方法是，通过检测某种材料的特定反应情况，将它与其余具有不同反应情况和性质的材料区分开来。这种方法常被应用在化学，特别是分析化学中。

让我们仔细观察一下这三种粉末的性质：这三种粉末都是固体（否则就不会呈粉末状了），都呈白色，且外观相似。味觉辨别法在化学中太过危险，因为这种不明物质有可能有毒，所以我们不能用这种方法找出葡萄糖。此外，三种粉末都没有气味。但它们在水中的溶解性不一样：糖最容易溶解，其次是发酵粉，而石膏则不溶于水。

不同物质为什么会有不同的水溶性呢？一种物质是否溶于水，关键在于该物质的内部结构。如石头不溶于水，因为水分子不能进入石头分子之间，后者彼此连接得太紧密了，用化学术语来表达就是：各个组成粒子——比如离子，即带电粒子——之间具有强大的静电吸引力，使得水无法将这些粒子拆开来。石膏（硫酸钙）就是这种情况。相反，糖很容易溶于水，因为糖分子互相连接得并不紧密，而且糖分子还具有类似水分子的构造，符合“相似相溶”的原理（参见本书第47、48页，彼处解释了两种液体相溶的条件，运用的也是同样的原理）。发酵粉的情况是，水分子恰好能进入发酵粉分子之间，从而使得后者能溶于水，但溶解效果明显没有糖那么好。

现在来解释一下为什么有的物质与醋发生反应后会产生气体：醋是一种弱酸，我们尝一下就知道了。酸能与碳酸盐发生反应，从而产生碳酸，碳酸会很快地分解成水和二氧化碳气体。而发酵粉的化学成分正是碳酸氢钠，反应后释放的二氧化碳甚至可以熄灭蜡烛（参见《小实验1》，第32页及其后几页；以及本书第107页及其后几页的“蛋壳和牙齿的相似之处”一节）！所有碳酸盐，如大理石、牙齿的珐琅质、白云岩和蛋壳等，都能与醋发生化学反应，产生二氧化碳气体。① 糖和石膏不含碳酸盐，所以不会与醋发生反应。

警察们是否都准确知晓这些化学反应的原理呢？我们且不理它。最重要的是他们抓住了罪犯。

 25. 健忘的窃贼

上周有人潜入银行，将保险柜洗劫一空。小偷显然有些健忘，他不仅记不住保险柜的密码，不得不把那四个数字写下来，而且还把写有密码的小条忘在了犯罪现场：取证小组在现场发现了一张咖啡滤纸，纸上有用黑色水溶性毡头笔写的

① 上一实验中，面包师克林格尔曼也可以用醋来鉴别发酵粉，因为面粉不和醋发生反应。不过，依靠碘的帮助，他已经成功地找出面粉袋了。

四位数的密码。这张纸是寻找小偷的唯一线索。目前已有两个嫌疑犯：义德和克劳斯。警方搜查了他们的住所，没有发现钱的踪影，但那支在滤纸上写过密码的黑色毡头笔一定藏在房中。现在警方请求您的协助。亲爱的家长，请您找出两支不同的黑色水溶性毡头笔，用其中一支在咖啡滤纸上写一个四位数的密码。（不必真的写您的保险柜密码！）剩下的就交给您的孩子吧。①

所需材料

半张写着保险柜密码的白色咖啡滤纸（这个您事先准备好）

半张写着“义德”字样的白色咖啡滤纸

半张写着“克劳斯”字样的白色咖啡滤纸

一支黑色水溶性毡头笔（黑色水溶性记号笔即可），在义德家找到的，贴上义德的名字以便区分

另一支由不同公司生产的黑色水溶性毡头笔，

① 在孩子生日的时候设计这类实验能很好地锻炼孩子的侦查鉴别能力。当然，得多准备些实验材料，好让所有孩子都能参与。

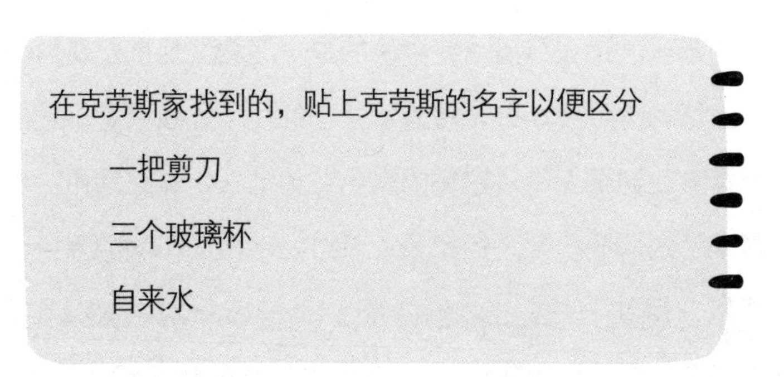

实验过程

先来做一些手工活：让孩子剪掉上述咖啡滤纸的边，约 1 厘米宽。然后在这些滤纸的中央用铅笔或剪刀戳一个孔，并在写着“义德”和“克劳斯”字样的滤纸上分别用与名字相匹配的黑色水溶性毡头笔在孔的周围画一个圈。密码纸上不需要画圈，因为上面已经有黑色水溶性毡头笔的笔迹了。

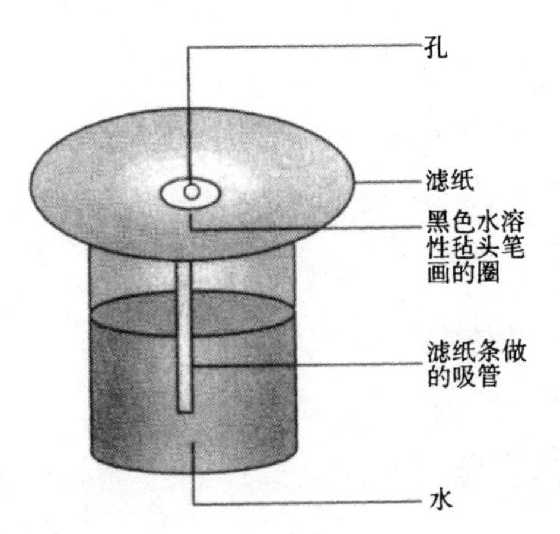

将 1 厘米宽的纸条（即之前剪下来的滤纸边）卷成管状，插入滤纸上的孔中（如图）。

现在往三只杯子中各倒入约半杯水，将三张滤纸分别盖在三个杯口，纸管则插入水中（如图）。

观察到什么？

纸管吸收了水分，并将水分向上输送给水平放置的滤纸，使滤纸也吸收了水分，水由此接触到用黑色水溶性毡头笔写下的字迹（义德的、克劳斯的、用来写密码的黑色毡头笔）。黑色被水“拆解”成不同的颜色带。通过这种颜色分离法，我们可以辨别出哪支黑色毡头笔的颜色情况和写保险柜密码的黑色毡头笔的颜色情况一致。

解释

本次实验涉及一种非常重要的化学分离方法：色层分离法。

这种化学分离方法的基础是，一种溶液（本实验中用的是水）被一种可渗透的材料（本实验中为滤纸）吸收。由于我们在实验中用的是水溶性毡头笔，所以笔迹溶解在被滤纸吸收的水中，并被分解成不同的颜料，因为黑色通常不仅仅由黑色颜料组成。水“携带”这些颜料到达的远近不同，从而形成色谱图。每种毡头笔的色谱图都是不一样的。

通过比较这三幅色谱图，我们便能知道谁撬了保险柜。

26. 最后：为家长量身定制的实验

我觉得，您现在应该得到这样一个实验！

许多个下午，您和孩子在厨房里翻箱倒柜地搜寻，尽最大努力备齐实验材料；你们共同做了那么多实验，并一起研究了那些有时真的很复杂的原理；您许多次把实验过后的厨房打扫干净，并耐心解答了孩子无止境的问题。现在，您理应享有一次为您量身定制的实验！

我为您设计了一个很棒的实验：实验开始前，为谨慎起见，您先看一下冰箱里是否有一瓶尚未开启的冰凉香槟。如果没有的话，可以把一瓶常温香槟用冷冻剂（参见本书第 56 页及其后几页）迅速冷却，或者把它放到冰箱里，等明天再做实验。

所需材料 ☺

舒适的沙发，用来好好放松一下

一个香槟酒杯（最好两个，万一有朋友也想参与）

一瓶冰凉的香槟（开启前不要用力摇晃）

实验过程 ☺

您开启香槟的方式应当保证您能很好地观察到瓶口处发生的情形，也就是说，不要用毛巾裹住瓶塞。一旦瓶塞砰的一声跳出瓶颈，请您仔细观察瓶口上方。

观察到什么？ ☺

冰凉的香槟开启后的一小段时间里，瓶口上方会出现白“雾”。

解释 ☺

虽然令人难以置信，但打开香槟时，瓶口附近的温度确实

会骤降至远远低于 -20 ℃。在这样的温度下，液体上方空气中的水蒸气会凝结成水，也就是说，通过冷却，水蒸气变成了细小的水珠，并以雾的方式显现出来（雾是气体中含有液体，而烟则是气体中含有固体）。

这一西伯利亚温度是怎样在您房里产生的呢？我们都知道，瓶子里的香槟酒被保存在高压下，压力约为大气压的四到六倍。所以香槟酒瓶都比较厚，以保证瓶子能承受住高压。在这样的高压下，二氧化碳能溶于香槟中，或者与水结合形成碳酸。瓶子里液体上方的空气也处在高压下。

当您开启香槟的时候，瓶里的气压骤降，瓶内的所有气体

开始膨胀。之前紧挨在一起的小分子互相分离，而分离需要能量（可参照本书第 66 页及其后几页描述的气化吸热现象）。它们从周围吸收能量，从而使周围温度急剧下降。① 眨眼间，周围便强降温，致使空气中的一些水蒸气分子凝结成了小水滴并形成了可见的雾。

现在就来干一杯吧！为了您的健康，同时也祝愿您的孩子继续充满好奇地关注自然现象和现象背后的原理！

---

① 确切地说，在气体膨胀和周围温度下降时，发生了一个与压缩相反的过程：当我们用气筒给自行车打气时，空气被压缩，从而释放出热量（压缩热），使周围环境升温（这里不是指摩擦热，虽然在气筒中也产生了摩擦热）。从空气中分离出氧和氮的林德法运用的也是同样的原理，即通过气体膨胀使得周围温度下降。不断重复这个过程可以使空气温度降低至 −194.5 ℃，此时空气会液化。

参考文献

发展心理学与学习心理学主题

Collins，Andrew (Hrsg.)(1984) : Development during middle childhood. The years from six to twelve. National Academic Press: Washington D. C.

Conzen，Peter (1996) : Erik H. Erikson. Leben und Werk. Kohlhammer-Verlag: Stuttgart，Berlin，Köln.

Donaldson，Margaret (1982) : Wie Kinder denken. Intelligenz und Schulversagen. Huber: Bern.

Erikson，H. Erik (1994) : Wachsmm und Krisen der gesunden Persönlichkeit. In: Identität und Lebenszyklus. Suhrkamp: Frankfurt am Main (Titel der Originalausgabe: Identity and the Life Cyele; erstmals 1959 auf Englisch erschienen) .

Gebhard, U. (2003) : Kind und Natur. Die Bedeutung der Natur für die psychische Entwicklung. Westdeutscher Verlag: Wiesbaden.

Gräber, Wolfgang; Stork, Heinrich: Die Entwicklungspsychologie Jean Piagets als Mahnerin und Helferin des Lehrens im naturwissenschaftlichen Unterricht. Teil 2.In: MNU (Mathematisch-Naturwissenschaftlicher Unterricht) .37. Jg., Nr.5, 1984, S. 257-269.

Mähler, Claudia (1995) : Weiß die Sonne, dass sie scheint? Eine experimentelle Studie zur Deutung des animistischen Denkens bei Kindem. Waxmann: Münster.

Novak, Joseph D.: Concept Mapping: A useful tool for Science Education. In: Journal of research in science teaching. 27.Jg., Nr. 10, 1990, S. 937-949.

Piaget, Jean (1978) : Das Weltbild des Kindes. Klett-Cotta/J. G. Cotta'sche Buchhandlung Nachfolger: Stuttgart (Ersterscheinung: 1926) .

Piaget, Jean (1996) : Gesammelte Werke. Studienausgabe

in 10 Bänden. Klett-Cotta/J. G. Cotta'sche Buchhandlung Nachfolger: Stuttgart.

Roth, Gerhard (2001) : Fühlen, Denken, Handeln. Wie das Gehim unser Verhalten steuert. Suhrkamp-Vefiag: Frankfurt am Main.

Roth, Gerhard (2003) : Aus Sicht des Gehims. Suhrkamp Vefiag: Frankfurt am Main.

Singer, W. (2003) : Was kann ein Mensch wann lernen? Ein Beitrag aus Sicht der Hirnforschung. In: W. E. Fthenakis (Hrsg.) : Elementarpädagogik nach PISA. Verlag Herder: Freiburg, S. 67-75.

Spitzer, Manfred (2000) : Geist im Netz. Modelle für Lernen, Denken und Handeln. Spektrum Verlag: Heidelberg und Berlin.

Spitzer, Manfred (2002) : Lernen: Gehirnforschung und Schule des Lebens. Spekrum Akademischer Verlag GmbH: Heidelberg und Berlin.

Zimmer, Renate (1995) : Handbuch der Sinneswa-

hrnehmung. Grundlagen einer ganzheitlichen Erziehung. Herder Freiburg.

故事主题

Kubli, E. (2002) : Plädoyer für Erzählungen im Physikunterricht. Aulis Verlag: Köln.

Parchmann, I., Demuth, R., Ralle, B. (2000) : Chemie im Kontext-eine Konzeption zum Aufbau und zur Aktivierung fachsystematischer Strukturen in lebensweltlichen Kontexten. In: MNU 53/3, S. 132ff.

为幼儿园年龄段的小朋友准备的简单实验

Lück, G. (2000) : Leichte Experimente für Eltern und Kinder. Verlag Herder (Herder-Spektrum 4811) : Freiburg.

Lück, G. (2003) : Handbuch der naturwissenschaftlichen Bildung. Theorie und Praxis für die Arbeit in Kindertageseinrichtungen. Verlag Herder: Freiburg.

Van Saan, A. (2002) : 365 Experimente für jeden Tag.

Moses Verlag: Kempen.

小学阶段的自然科学课实验推荐

Häusler，K.; Pfeifer，P.; Schmidkunz，H（1996）: Elemente der Zukunft: Chemie. Oldenbourg Verlag: München.

http://www.chemie-unterricht.de/dc2/htm

蜡烛主题

Faraday，M.（1980）: Naturgeschichte einer Kerze. Mit einer Einleitung und Biografie von P. Buck. Franzbecker: Bad Salzdetfurth.

Roth，Klaus（2003）: Alle Jahre wieder: Die Chemie der Weihnachtskerze. In: Chemie in unserer Zeit，37，S. 424-429.

黏性主题

Bach，A.; Dreifert，M.; Greuing，H.（2000）: Die Kunst

des Klebens. Skript zur WDR-Sendereihe “Quarks & Co”, WDR Fernsehen, Köln.

Gruber-Schradin, A.; Wagner, G.; Wöhrmann, H. (2004) :Klebstoffe und Kunststoffe. Klebstoffe als Unterrichtsgegenstand in der gymnasialen Oberstufe. In: Unterricht Chemie, 15, Nr. 80, S. 24-29.

http://www. kopfball. de/pp_sdrck. phtml?rnd=1087917842&pds=YTowOnt9 (22.06.2004)

冷却剂主题

http://www. chemie-unterricht, de/dc2/tip/08_98. htm, letzte überarbeitete Fassung: 25.02.04

http://www. kopfball. de/pp_sdrck. phtml?rnd=1087918280&pds=YTowOnt9

致　谢

虽然本书不是什么洋洋大作，所选的实验也很简单，但若没有无数支持自然科学早期教育的同志们，这本书不可能完成。

每个实验必须通过“强度测试”后才能写入本书。首先，须确保用简单的家用物品就能成功地完成实验。这一问题解决后，再检测实验是否受到孩子们的欢迎。这不仅需要大量时间，还需要耐心和投入。这些都是值得的，孩子们因此不会因为实验的失败或实验材料的缺乏而感到失望。为了让孩子在实验中感受到乐趣，比勒费尔德大学的化学教学理论研究小组做了很多努力，我在这里一一表示感谢：沃尔夫冈・贝罗、古德荣・布尔特、亨德利克・福里斯特、桑亚・克拉恩、卡特琳・兰尔曼、比约恩・里舍、桑亚・什卡茨、施特芬妮・舍尔特、茱莉亚・菲尔斯珀尔。

某天在食堂共进午餐时，格奥尔格·施塔姆勒博士给了我一些关于香槟实验的指导。

我还要感谢沃尔夫冈·冯·吕宾斯基博士，他提出，在解释具有物理化学背景的实验时，不能太偏离专业知识。

特别要感谢的是朱迪特·马克女士，她支持了该书在荷尔德出版社的出版，没有她就没有《家长和孩子一起玩的小实验.2》。

和以往一样，我的表姐加布里埃莱·普荣朴鼓励我进行这番创作，并向我阐述了继续专心研究“幼儿的自然科学教育”这一问题的重要性。我们常常打很长时间的电话，她总是耐心地聆听我对每一项实验的描述。对一些复杂的实验规则，她总是建议我把它们简化到“可在厨房操作”的程度。我要在这里特别感谢她，并把这本书献给她。